表 1（続き）

力	N	dyn	lb
1 N（ニュートン）	1	10^5	0.2248
1 dyn（ダイン）	10^{-5}	1	2.248×10^{-6}
1 lb（ポンド）	4.448	4.448×10^5	1

仕事，エネルギー，熱	J	erg	eV	cal	kWh
1 J（ジュール）	1	10^7	6.242×10^{18}	0.2389	2.778×10^{-7}
1 erg（エルグ）	10^{-7}	1	6.242×10^{11}	2.389×10^{-8}	2.778×10^{-14}
1 eV（電子ボルト）	1.602×10^{-19}	1.602×10^{-12}	1	3.827×10^{-20}	4.450×10^{-26}
1 cal（カロリー）	4.186	4.186×10^7	2.613×10^{19}	1	1.163×10^{-6}
1 kWh（キロワット時）	3.600×10^6	3.600×10^{13}	2.247×10^{25}	8.601×10^5	1

圧力	Pa	dyn/cm^2	atm	cmHg
1 Pa（パスカル）	1	10	9.869×10^{-6}	7.501×10^{-4}
1 dyn/cm^2（ダイン／cm^2）	10^{-1}	1	9.869×10^{-7}	7.501×10^{-5}
1 atm（気圧）	1.013×10^5	1.013×10^6	1	76
1 cmHg（水銀柱 cm）[a]	1.333×10^3	1.333×10^4	1.316×10^{-2}	1

[a] 0°C かつ，重力加速度が標準値 $9.80665\,\text{m/s}^2$ であるとき．

ファン・ダメンタル物理学

力学

笠松健一
新居毅人
中野人志
千川道幸
［著］

共立出版

まえがき

　近年の大学に於ける基礎教育は専門教育以上に重要性を増してきており，文部科学省や経済産業省による「学士力」および「社会人基礎力」で表現される能力が，高等教育を受けた学生に対し，社会が求める一つの指標となってきている．この事は，過去数年に教養教育や基礎教育の見直しに言及した文部科学省中教審答申，経済産業省の中間報告書などに経緯と達成目標等が詳しく記述されている．端的に言えば，ゆとり教育以降に大学に進学する学生は，習得学力や専門教育を学ぶ基礎学力の不足が見られる傾向にある．この学生の能力の多様化の状況に対し，教育のレベルを学生に合わせることで対応してきた．各大学に於いて初修科目が多くなった所以でもある．基礎教育の見直しの中，大学はそれぞれの立場を明確にすべく，アドミッション・カリキュラム・ディプロマに関する各ポリシーを設定し，公開する事が求められてきている．その理念の中で教育の質の確保をするために PDCA サイクルを最適化し，基礎教育と専門教育の接続を滑らか且つ効率的に行い，社会人基礎力を付けた学生を排出する事が求められている．

　物理学は数学的手法を多用して大凡あらゆる理学系・工学系学問の基礎をなす．基礎であるからには少しの知識と大いなる論理的思考力をもって，様々な問題を総合的に解釈し組み立てる体系でなければならない．本書は先に述べたような多様化した学生の資質に答えるべく，著者間の検討を十分に経て教育すべきレベルを設定したつもりである．然し，著者たちが勤務する大学に在籍する学生が日本の大学生のレベルを代表するとは考えていない．従って，従来の教科書然とした部分も盛り込んで理想は多少高く掲げた上で，授業内容は平易に理解できるよう教育面での配慮をしたつもりである．現行の大学教育で行われているセメスター教育に合わせ，ファンダメンタルという語をつけて理工系学生が専門の物理学を学ぶ基礎を講義と演習の繰り返しによって論理的思考法を鍛える事ができるようになっている．

　本書の構成は物理学で用いる数学，質点および質点系と剛体の物理学である．初めに物理学を学ぶ上で必要となる微分積分・ベクトルの概念を学習し，質点の運動の様子を表す物理量を習い，運動方程式と理想化した運動へのその応用，さらに仕事とエネルギーの概念，運動量，力積に繋げてゆく．また，質点系の重心などの性質や角運動量などの振る舞いを学習した後に，剛体の力学の基礎を学ぶ．全編を通して，各章の内容を理解するための基本的な例題，レベルを分けた演習を設定した．章立てはオーソドックスな構成にしてあるが，習熟度の異なる学生にも対応できる配慮をした．例題を理解した後に関連する基本的な演習を解き，さらに余裕のある学生には多少歯ごたえのある問題を含む演習も用意してある．

　再び述べるに，ゆとり教育に関しては様々な場面で教育の質が問われる事態になっているのは，高等教育の現場において教育ならびに研究に携わる者たちが常々感じ，且つ対処に悩む大きな課題である．率直に日本の，ひいては世界の理工学の未来を憂える事態であると感じる教育者も多いと思う．世界的に見れば欧州に始まるボローニャ宣言など，国境を越えた互換性と汎用性のある教育が求められる時代に突入した一方，過去行われてきた教育レベルの維持が難しくなってきた実情がここには在る．文部科学省の中教審答申はこのような世界的な動向を見据えつつ我が国独自の状況を加味しつつ高等教育の方向性を模索しているようにも見える．そして，平成 23 年には学校教育法施行規則により，教育課程に

於ける上述の3つのポリシーに関するそれぞれの具体的な明示が求められた．理念の高尚さと現実の学生気質や社会情勢の齟齬が表面化しつつある中で，教育の質を維持・確保する努力が高等教育の現場に求められている．然るに，高等教育に携わる我々は求められているこれらの大きな課題を真摯に受け止め，次世代へと文化を伝える大きな使命を持ちながら行うという素晴らしい機会を十分に発揮できる事になる．

このような中，平成23年3月11日に東日本大震災が起きた．原子力発電の安全神話が崩れたことも含め，東北地方を中心に関東にまで亘る人知を超えた自然の大きさと厳しさを世界に知らしめる事になった．筆者の一人は半年程経った被災地に単身で行き，微々たるボランティアをしてきた．そこでは言葉を失うような惨状を目の当たりにしたが，次世代を担う全国から集まった若者たちのパワーも感じてきた．未曾有と表現される大変な状況で未来への希望を持ち続ける事は大変ではあるが，現在を生きる人間として困難に向き合う力をつけ，やり遂げる力を互いに与え合わなければならない．復興までに十年単位の時間が掛かると予想されるだけに，継続的で順調な復興を願うとともに，土木，建築，電気，化学，情報などの分野に於いて，基礎となる物理学が社会に生かされる事を祈念しつつ，本書がその一助にでもなれば幸甚であると考える．

2013年2月

著者一同

3刷にあたって：初版以来約1年半が経過し，2刷で誤りの修正や文章表現の見直し，ならびに基礎の物理学としてやや難解であると思われるような例題，問題を割愛したが，再度誤りの修正や文章表現の見直しを行った．さまざまなご指摘を頂いた物理学コースの教員ならびに非常勤講師の方々に謝意を表す．また，本書の出版に際しては，共立出版の寿日出男氏に，編集では大越隆道氏に大変ご尽力頂いた．ここに感謝申し上げたい．

学生の皆さんへ

　私たちのまわりを見渡すと，身近な所から壮大な宇宙まで，様々な自然現象に満ちあふれています．実はそのような自然現象は簡単な法則に従っていることがわかり，その法則は数学という手段を用いて表現することができるのです．このように自然現象にひそむ法則を探索する学問が物理学です．

　ファンダメンタル (fundamental) とは，英和辞書で調べると「基本の，基礎の」のような意味が書かれています．この本は講義を通じて，理工系の学生さんが教養として修得して欲しい必要最低限の物理学の基礎的内容を効率よく学習できるように用意されたものです．物理学は数学・化学・生物学・地学とともに科学の基礎として，理工学部の各学科で学ぶ専門分野の基礎を形作っています．したがって，物理学をきちんと理解することは，各分野での専門的知識を修得するために，大変重要となります．本書とその続編である『ファンダメンタル物理学—電磁気・熱・波動—』を学ぶことにより，理工学部で学んでおくことが望ましい物理学の主な分野を，自然な流れで学習できるようにしてあります．

　この本では物理学の基礎として「力学」を扱います．力学は物理学の基礎中の基礎であり，身近な物体から天体の運動までをニュートンの運動方程式を基礎にして理解する学問です．力学を学ぶことにより，自然現象を考える上で基礎となる概念，物理学特有の思考方法，問題設定の仕方と問題解決の手順などを身につけられることが期待できます．本書では物理学の基本的な考え方を，高校で物理学を履修していない学生の皆さんでも理解することができるように丁寧かつ平易な解説に努め，基礎的な質点の力学を中心に剛体の力学までの内容を記しました．公式の暗記に頼るのではなく，論理的に考えることにより，物理現象を深く理解できるようになることを目標とします．本書を通じて学んだ物理の基本的な内容が理解できれば，理工系の学生として十分な素養を獲得したと言えます．是非，本書の最初から出発し，最後まで読んで理解を積み上げていって欲しいと思います．

　ニュートンの運動方程式から運動を捉える為には数学（微分と積分，ベクトル）の知識が不可欠です．本書は最初に力学を理解するために必要な数学の内容をまとめました．演習問題を数多く用意しましたので，ノートと鉛筆を持って実際に手を動かして計算し，解き方を身体で憶えるぐらいになってほしいと願っています．

　さらに本書の特徴として，各章にはいくつかの節があり，各節の本文の後に理解を深めるための例題が載せてあります．例題には解答を詳しく記してあるので，後の演習問題を解く上で，多いに役立つはずです．演習問題は各章の最後にまとめてあり，難易度の易しい問題をＡ，やや難しい問題をＢと設定しました．なるべく例題と演習問題を対応させて，理解度を高め，記憶に留めることができるように配慮したつもりです．また，例題や演習問題もできるだけ高校の物理でとりあげたものを使用し，これらを微積分とベクトルを用いて，大学で学ぶ物理として深く理解することを目標としています．

　将来，物理の知識や考え方が必要な場面にきっと遭遇するでしょう．そのときに，本書が何らかの役に立つことを願います．

2013 年 2 月

著者一同

目 次

まえがき i
学生の皆さんへ iii

第1章　物理学で必要な数学　1

1.1　物理学で必要な微分，積分の基礎 1
1.2　物理学で必要なベクトルの基礎 7

第2章　位置，速度，加速度　18

2.1　1次元の運動 18
2.2　2次元の運動 23

第3章　力と運動　33

3.1　力の表し方とつり合い 33
3.2　いろいろな力 35
3.3　運動の法則 40
3.4　運動方程式の利用 42
3.5　見かけの力 46

第4章　いろいろな運動　56

4.1　1次元の運動 56
4.2　2次元の運動 64

第5章　力学的エネルギー保存の法則　78

5.1　仕事と仕事率 78
5.2　運動エネルギー 82
5.3　保存力とポテンシャルエネルギー 85
5.4　力学的エネルギー保存の法則 91

第6章　運動量と力積　　97

6.1　運動量 97
6.2　運動量と力積 98
6.3　質点における運動量保存の法則 98
6.4　質点系の運動 99
6.5　衝　突 103

第7章　角運動量と力のモーメント　　108

7.1　質点系の回転運動 108
7.2　角運動量と力のモーメント 109
7.3　角運動量保存の法則 111

第8章　剛体の力学　　118

8.1　剛体に関する定理 118
8.2　剛体のつり合いと固定軸回りの変位 119
8.3　剛体の重心 122
8.4　剛体の運動 124

演習問題の解答　　134

付録A　三角関数　　161

付録B　指数関数　　164

付録C　対数関数　　166

索　引　　167

写真掲載元一覧

ハミルトン （1 ページ）	http://commons.wikimedia.org/wiki/File:WilliamRowanHamilton.jpeg
ガリレオ （18 ページ）	http://commons.wikimedia.org/wiki/File:Galileo.arp.300pix.jpg
ニュートン （33 ページ）	http://commons.wikimedia.org/wiki/File:GodfreyKneller-IsaacNewton-1689.jpg
ケプラー （56 ページ）	http://commons.wikimedia.org/wiki/File:Johannes_Kepler.jpg
ライプニッツ （78 ページ）	http://commons.wikimedia.org/wiki/File:Gottfried_Wilhelm_von_Leibniz.jpg
デカルト （97 ページ）	http://commons.wikimedia.org/ wiki/File:Frans_Hals_-_Portret_van_Ren%C3%A9_Descartes.jpg
長岡半太郎 （108 ページ）	http://commons.wikimedia.org/wiki/File:Hantaro_nagaoka.jpg
オイラー （117 ページ）	http://commons.wikimedia.org/wiki/File:LeonhardEuler.jpg

第1章　物理学で必要な数学

ハミルトン（1805–1865, アイルランド）

　物理学における自然法則は数学的手法で体系化されている．力学の基礎方程式はニュートンの運動方程式とよばれ，これを解くことによって，野球ボールの軌道から宇宙空間中のロケットや惑星の運動までを決定・予言することができる．運動方程式はベクトルの微分方程式の形で与えられ，それを解くためにはベクトルと微積分の数学的知識が必要になる．本章ではまず，力学を学ぶ上で必要な数学を学習する．

1.1　物理学で必要な微分，積分の基礎

■ 平均変化率と微分

　2つの変数 x と y があり，入力 x に対して，出力 y の値を決定する規則が与えられているとき，y を x の関数といい，

$$y = f(x)$$

のように表す．図1.1のようなグラフで示された x の関数 $y = f(x)$ を考えよう．今，x が x_0 から Δx 増えたときの y の値の変化 Δy は[1]，

$$\Delta y = f(x_0 + \Delta x) - f(x_0)$$

である．ここで，Δy の Δx に対する比

$$\frac{\Delta y}{\Delta x} = \frac{f(x_0 + \Delta x) - f(x_0)}{\Delta x}$$

は，この区間での**平均変化率**とよばれる．図1.1に示すように，平均変化率は，点 $A(x_0, f(x_0))$ と点 $B(x_0 + \Delta x, f(x_0 + \Delta x))$ を結ぶ直線の傾きを表す．

　この Δx を限りなく0に近づけたときの平均変化率の値を，$f(x)$ の $x = x_0$ での**微分係数**という．これは図1.1のグラフで破線で示したような，$x = x_0$ で $y = f(x)$ のグラフに接する直線の傾きになっている．

　任意の x にその位置での微分係数を対応させることにより定まる関数を $y = f(x)$ の**導関数**といい，$\dfrac{\mathrm{d}y}{\mathrm{d}x}$ あるいは $f'(x)$ と書く．式で表すと，

$$\frac{\mathrm{d}y}{\mathrm{d}x} = \lim_{\Delta x \to 0} \frac{\Delta y}{\Delta x} = \lim_{\Delta x \to 0} \frac{f(x + \Delta x) - f(x)}{\Delta x} = f'(x)$$

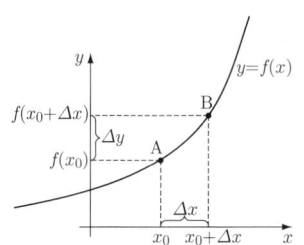

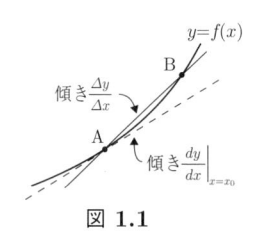

図 1.1

導関数

---

[1] ここで Δ はデルタと読み，Δx は x の変化量を表す．

と書ける．lim はリミットと読み，Δx を限りなく 0 に近づける操作を表す．ある関数の導関数を求めることを**微分する**という．導関数 $f'(x)$ は曲線上の点 $(x, f(x))$ における微分係数となっているから，その点 x における接線の傾きである．$x = x_0$ での微分係数は $f'(x)$ の x に x_0 を代入したものであり，$\left.\dfrac{dy}{dx}\right|_{x=x_0}$ あるいは $f'(x_0)$ のように表す．

$f'(x)$ も x の関数であるから，もう一度同じように微分することができ，次のように表す．

2 階の導関数
$$\frac{d}{dx}\left(\frac{dy}{dx}\right) = \frac{d^2 y}{dx^2} = f''(x)$$

これを **2 階の導関数**という．

以下に代表的な関数の導関数および 2 階の導関数を示す[2]．

- $f(x) = x^n \qquad f'(x) = nx^{n-1} \qquad f''(x) = n(n-1)x^{n-2}$
- $f(x) = \dfrac{1}{x} \qquad f'(x) = -\dfrac{1}{x^2} \qquad f''(x) = \dfrac{2}{x^3}$
- $f(x) = \sin x \qquad f'(x) = \cos x \qquad f''(x) = -\sin x$
- $f(x) = \cos x \qquad f'(x) = -\sin x \qquad f''(x) = -\cos x$
- $f(x) = \tan x \qquad f'(x) = \dfrac{1}{\cos^2 x} \qquad f''(x) = \dfrac{2\tan x}{\cos^2 x}$
- $f(x) = e^x \qquad f'(x) = e^x \qquad f''(x) = e^x$
- $f(x) = \log x \qquad f'(x) = \dfrac{1}{x} \qquad f''(x) = -\dfrac{1}{x^2}$

2 つの関数 $f(x)$ と $g(x)$ の積や商の微分に関しては以下の公式が成り立つ．

積の微分
商の微分
$$[f(x)g(x)]' = f'(x)g(x) + f(x)g'(x)$$
$$\left[\frac{f(x)}{g(x)}\right]' = \frac{f'(x)g(x) - f(x)g'(x)}{(g(x))^2}$$

これらは導関数の定義式を用いることで証明される．

関数 $f(x)$ の変数 x が，また別の変数 t の関数 $x = x(t)$ であるとき，$f(x(t))$ は t の関数と見なすことができる．t の値が Δt だけ変化したときの x の変化量を Δx とすると，$\Delta t \to 0$ のとき $\Delta x \to 0$ であり，$f(x)$ を t で微分すると，

$$\begin{aligned}
\frac{d}{dt}f(x(t)) &= \lim_{\Delta t \to 0} \frac{f(x(t+\Delta t)) - f(x(t))}{\Delta t} \\
&= \lim_{\Delta t \to 0} \frac{f(x(t)+\Delta x) - f(x(t))}{\Delta x}\frac{\Delta x}{\Delta t} \\
&= \left(\frac{d}{dx}f(x)\right)\frac{dx}{dt} = \frac{dy}{dx}\frac{dx}{dt}
\end{aligned}$$

合成関数の微分

となる．これを**合成関数の微分**という．

---

[2] 本書で log は自然対数を表し，底として $e = 2.718...$ をもつとする．それ以外の底の場合は $\log_a$ のように明示する．ここで e は，

$$e = \lim_{t\to\infty}\left(1 + \frac{1}{t}\right)^t$$

で与えられる．

■ **関数の積分**

長方形や三角形のような簡単な図形の面積を求めるのは簡単だが，図1.2(a)に示すような滑らかな関数 $y=f(x)$ と，$x=a$, $x=b$, x 軸で囲まれた曲線をもつ図形の面積を求めるにはどうすればよいだろうか．これを可能にするのが**積分**である．いま，図1.2(b)のように底辺の $x=a$ から $x=b$ までを n 等分して，分点の x 座標を左から $x_1(=a), x_2, \ldots, x_n, x_{n+1}(=b)$ とする．各小区間の幅は

$$\Delta x = x_{i+1} - x_i = \frac{b-a}{n} \quad (i=1,2,\ldots,n)$$

である．このとき，$f(x_i)\Delta x$ は点 x_i が左下の頂点になる長方形の微小面積を表している．これらの微小面積を $x=a$ から $x=b$ の範囲ですべて足し合わせれば，ほぼ求めたい面積になることがわかる．しかし，長方形の足し合わせでは図形に凸凹が残っており，正確な面積にはならない．ここで分割数 n を多くしていくと，長方形の数が増えるとともに個々の長方形はどんどん細くなり，凸凹が次第に滑らかに見えてくることがわかる．$n \to \infty$ の極限では完全に滑らかと見なせ，その面積が正確に計算できることがわかる．この面積を関数 $f(x)$ の区間 $x=a$ から $x=b$ までの**定積分**といい，

$$\int_a^b f(x)\mathrm{d}x = \lim_{n\to\infty}\left[f(x_1)\Delta x + f(x_2)\Delta x + \cdots + f(x_n)\Delta x\right]$$
$$= \lim_{n\to\infty}\sum_{i=1}^n f(x_i)\Delta x$$

のように表す．図1.2(c)のように区間 $x=a$ から $x=b$ で関数 $f(x)$ が負の値となるとき，定積分 $\int_a^b f(x)\mathrm{d}x$ は左側の「正の」面積 S_1 と右側の「負の」面積 $-S_2$ の和 $S_1 - S_2$ を表す．

定積分の意味はこのように「微小な要素を積み上げる」ということで理解をしてほしいが，実際の計算では以下で示す**不定積分**を利用する．まず，微分すると $f(x)$ となるような関数 $F(x)$ を考えよう．すなわち，

$$\frac{\mathrm{d}F(x)}{\mathrm{d}x} = f(x)$$

である．この $F(x)$ を関数 $f(x)$ の**原始関数**という．ここで，$F(x)$ にある定数 C を加えた $F(x) + C$ も微分すれば $f(x)$ になることがわかる．$\frac{\mathrm{d}F(x)}{\mathrm{d}x} = f(x)$ となる1つの $F(x)$ が求まったとき，これに任意の定数 C を加えたものを関数 $f(x)$ の不定積分とよび，

$$\int f(x)\mathrm{d}x = F(x) + C$$

と表す．この $F(x)$ を用いると，定積分は

$$\int_a^b f(x)\mathrm{d}x = \left[F(x)\right]_a^b = F(b) - F(a)$$

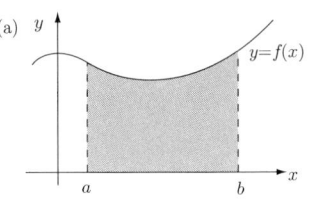
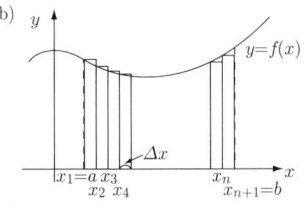
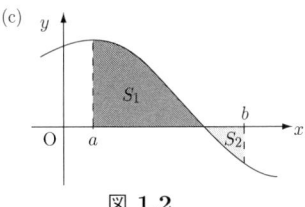

図 1.2

定積分の計算

のように表される．これは次のように証明される．導関数の定義より

$$f(x) = \frac{\mathrm{d}F(x)}{\mathrm{d}x} = \lim_{\Delta x \to 0} \frac{F(x + \Delta x) - F(x)}{\Delta x}$$

である．今，$x = x_i$ の平均変化率を考えると，

$$f(x_i) = \frac{F(x_{i+1}) - F(x_i)}{\Delta x}$$

が成り立つ．これを定積分の定義式に代入すると，

$$\begin{aligned}
\int_a^b f(x)\mathrm{d}x &= \lim_{n \to \infty} \sum_{i=1}^n [F(x_{i+1}) - F(x_i)] \\
&= \lim_{n \to \infty} \{[F(x_2) - F(x_1)] + [F(x_3) - F(x_2)] + \cdots + [F(x_{n+1}) - F(x_n)]\} \\
&= \lim_{n \to \infty} [F(x_{n+1}) - F(x_1)] \\
&= F(b) - F(a)
\end{aligned}$$

となる．定積分の基本的な性質として，任意の定数 a, b に対して，

$$\int_a^b f(x)\mathrm{d}x = -\int_b^a f(x)\mathrm{d}x$$

$$\int_a^a f(x)\mathrm{d}x = 0$$

$$\int_a^b f(x)\mathrm{d}x + \int_b^c f(x)\mathrm{d}x = \int_a^c f(x)\mathrm{d}x$$

が成り立つ．

原始関数を知っていれば定積分の計算に便利であり，以下に代表的な関数の原始関数を挙げておく．

- $\displaystyle \int x^n \, \mathrm{d}x = \frac{x^{n+1}}{n+1} + C$
- $\displaystyle \int \frac{1}{x} \mathrm{d}x = \log|x| + C$
- $\displaystyle \int \cos x \, \mathrm{d}x = \sin x + C$
- $\displaystyle \int \sin x \, \mathrm{d}x = -\cos x + C$
- $\displaystyle \int \tan x \, \mathrm{d}x = -\log|\cos x| + C$
- $\displaystyle \int e^x \, \mathrm{d}x = e^x + C$
- $\displaystyle \int \log x \, \mathrm{d}x = x \log x - x + C$

原始関数が単純に発見できない場合，よく用いるテクニックとして**置換積分法**と**部分積分法**がある．置換積分では変数 x を別の変数 t の関数として表すことを考える．$x = g(t)$ と表せるとすると，

$$\mathrm{d}x = g'(t)\mathrm{d}t \qquad \left(g'(t) \equiv \frac{\mathrm{d}g(t)}{\mathrm{d}t}\right)$$

である．これを元の積分の式に代入し，x の区間 $[a,b]$ を t の区間 $[\alpha,\beta]$ に変えると

$$\int_a^b f(x)\mathrm{d}x = \int_\alpha^\beta f(g(t))g'(t)\mathrm{d}t$$

置換積分法

と書け，右辺の積分変数をすべて t に変えることができる．ここで，$a = g(\alpha)$，$b = g(\beta)$ の関係がある．このように変数をうまく変換することで積分を実行できる場合がある．

一方，関数の積に対する微分公式を使うと，以下の**部分積分**の式が得られる．

$$\begin{aligned}\int f'(x)g(x)\mathrm{d}x &= \int \{f(x)g(x)\}'\mathrm{d}x - \int f(x)g'(x)\mathrm{d}x \\ &= f(x)g(x) - \int f(x)g'(x)\mathrm{d}x \\ \int_a^b f'(x)g(x)\mathrm{d}x &= \Big[f(x)g(x)\Big]_a^b - \int_a^b f(x)g'(x)\mathrm{d}x\end{aligned}$$

部分積分法

例題 1.1 | 導関数の定義

定義に従って次の関数の導関数を求めよ．

(1) $f(x) = x^3$ (2) $f(x) = \sin x$

[解答]

(1) $f'(x) = \displaystyle\lim_{\Delta x \to 0} \frac{(x + \Delta x)^3 - x^3}{\Delta x} = \lim_{\Delta x \to 0}\left[3x^2 + 3x\Delta x + (\Delta x)^2\right] = 3x^2$

(2) $f'(x) = \displaystyle\lim_{\Delta x \to 0} \frac{\sin(x + \Delta x) - \sin x}{\Delta x}$

ここで三角関数の公式 $\sin A - \sin B = 2\sin\dfrac{A - B}{2}\cos\dfrac{A + B}{2}$ より，

$$f'(x) = \lim_{\Delta x \to 0} \frac{\sin\frac{\Delta x}{2}}{\frac{\Delta x}{2}}\cos\left(x + \frac{\Delta x}{2}\right) = \cos x \qquad \left(\because \lim_{\theta \to 0}\frac{\sin\theta}{\theta} = 1\right)$$

> **例題 1.2** 微分の計算
>
> (1)〜(4) の関数は x で，(5)〜(8) の関数は t で微分せよ．
>
> (1) $3x^2 - 4x + 2$ 　　　　　　(2) $\dfrac{e^x + e^{-x}}{2}$
>
> (3) $2\sin(2x+3)$ 　　　　　　(4) $\dfrac{1}{x^2+1}$
>
> (5) $e^{3t} + e^{-3t}$ 　　　　　　(6) $\sin^2 5t$
>
> (7) $e^{2t}\cos 3t$ 　　　　　　(8) $e^{-3t}\sin 2t$

[解答]

(1) $\left(3x^2 - 4x + 2\right)' = 6x - 4$

(2) $\left(\dfrac{e^x + e^{-x}}{2}\right)' = \dfrac{e^x - e^{-x}}{2}$

(3) $(2\sin(2x+3))' = 4\cos(2x+3)$

(4) $\left(\dfrac{1}{x^2+1}\right)' = \dfrac{-(x^2+1)'}{(x^2+1)^2} = \dfrac{-2x}{(x^2+1)^2}$

(5) $\left(e^{3t} + e^{-3t}\right)' = 3e^{3t} - 3e^{-3t}$

(6) $\left(\sin^2 5t\right)' = 2(\sin 5t)(\sin 5t)'$
$\qquad\qquad = 2(\sin 5t)(\cos 5t)(5t)'$
$\qquad\qquad = 10\sin 5t \cos 5t$

(7) $\left(e^{2t}\cos 3t\right)' = e^{2t}(2t)'\cos 3t - e^{2t}\sin 3t(3t)'$
$\qquad = 2e^{2t}\cos 3t - 3e^{2t}\sin 3t$

(8) $\left(e^{-3t}\sin 2t\right)' = e^{-3t}(-3t)'\sin 2t + e^{-3t}\cos 2t(2t)'$
$\qquad = -3e^{-3t}\sin 2t + 2e^{-3t}\cos 2t$

> **例題 1.3** 不定積分の計算
>
> 次の不定積分を求めよ．
>
> (1) $\displaystyle\int 3\,dx$ 　　　　　　(2) $\displaystyle\int \left(3x^2 + 2x + 1\right)dx$
>
> (3) $\displaystyle\int \dfrac{1}{2-x}\,dx$ 　　　　(4) $\displaystyle\int \left(3 + e^{-2x}\right)dx$

[解答] C を積分定数とすると，

(1) $\displaystyle\int 3\,dx = 3x + C$

(2) $\int (3x^2 + 2x + 1)\,dx = x^3 + x^2 + x + C$

(3) $\int \dfrac{1}{2-x}\,dx = -\log|2-x| + C$

(4) $\int (3 + e^{-2x})\,dx = 3x - \dfrac{1}{2}e^{-2x} + C$

例題 1.4　定積分の計算

次の定積分を求めよ．

(1) $\displaystyle\int_0^1 (2x+3)\,dx$ 　　(2) $\displaystyle\int_1^2 \dfrac{1}{x^2}\,dx$

(3) $\displaystyle\int_0^{\frac{\pi}{2}} \sin 2x\,dx$ 　　(4) $\displaystyle\int_0^{\frac{\pi}{2}} \cos 2x\,dx$

[解答]

(1) $\displaystyle\int_0^1 (2x+3)\,dx = \left[x^2 + 3x\right]_0^1 = 4$

(2) $\displaystyle\int_1^2 \dfrac{1}{x^2}\,dx = \left[-\dfrac{1}{x}\right]_1^2 = \dfrac{1}{2}$

(3) $\displaystyle\int_0^{\frac{\pi}{2}} \sin 2x\,dx = \left[\dfrac{-1}{2}\cos 2x\right]_0^{\frac{\pi}{2}} = 1$

(4) $\displaystyle\int_0^{\frac{\pi}{2}} \cos 2x\,dx = \left[\dfrac{1}{2}\sin 2x\right]_0^{\frac{\pi}{2}} = 0$

1.2　物理学で必要なベクトルの基礎

■ スカラーとベクトル

　例えば質量，体積，温度などは大きさだけを持つ物理量で，これらを**スカラー**という．一方，空間で運動する物体の速度や，物体に作用する力などは，大きさだけでなく方向を伴っている．このような量は**ベクトル**とよばれ，図1.3のように矢印（ベクトル）で表す．その矢印の線の長さによってベクトルの大きさが，矢印の向きによってベクトルの方向が指定される．矢印の両端の点Oと点Pをそれぞれ始点と終点という．ベクトルは $\boldsymbol{A}$, $\vec{A}$, または $\overrightarrow{OP}$ のように書く．ベクトル $\boldsymbol{A}$ の長さ（ベクトル量の大きさ）を表すときは A, $|\boldsymbol{A}|$, または $|\vec{A}|$ のように書く．

　ベクトルの基本的な規則を以下にまとめておく．

1. ベクトルは自由に平行移動させることができる．平行移動前と後のベクトルは同じと見なす．

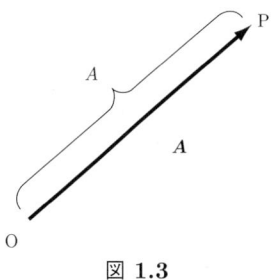

図 1.3

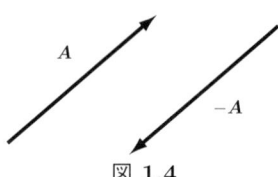

図 1.4

2. 始点と終点が一致するベクトルは大きさがゼロで，**ゼロベクトル**とよび，記号で **0** と表す．

3. 同じ大きさと向きをもつ 2 つのベクトル A と B は等しい．

4. ベクトル A と同じ大きさをもち，向きが反対のベクトルを**逆ベクトル**とよび，$-A$ とする（図 1.4）．

■ ベクトルの和，差，スカラー倍

図 1.5(a) のように 2 つの異なるベクトル A と B があったとき，A と B の和 $A+B$ は図 1.5(b) のように与えられる．まず A の終点にベクトル B の始点が重なるように平行移動させ，A の始点と B の終点を結んだベクトルが $A+B$ になる．このようにベクトルの和をとることをベクトルの合成という．$A+B$ は A，B を 2 辺とする平行四辺形の対角線になっていることがわかる（平行四辺形の法則）．

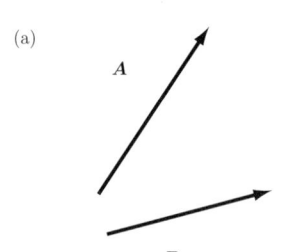

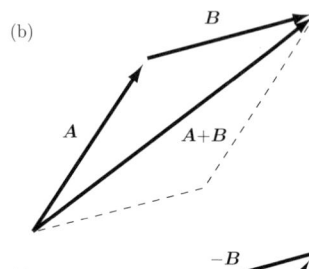

A と B の差 $A-B$ は，$A+(-B)$ と考えると，図 1.5(c) のようにベクトル A と逆ベクトル $-B$ の和で求まることがわかる．

A とスカラー a の積 aA は A の長さを a 倍することで求まる．$a>0$ ならば向きは変わらないが $a<0$ ならば逆向きになる．

ベクトルの和および実数倍について，以下の法則が成り立つ．

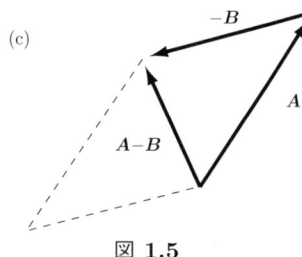

図 1.5

（交換則）　$A+B = B+A$

（結合則）　$A+(B+C) = (A+B)+C,$　　$a(bA) = (ab)A = b(aA)$

（分配則）　$(a+b)A = aA + bA,$　　$a(A+B) = aA + aB$

また，ベクトルの合成とは逆に，1 つのベクトル A を 2 つ以上のベクトルの和や差で表すことができる．これを**ベクトルの分解**という．合成とは違い，分解する方向は自由に選べることに注意しよう．図 1.6 のように，A は A_1 と A_2 のように分解することができるし，A'_1 と A'_2 のように分解することもできる．

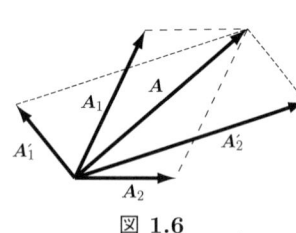

図 1.6

■ ベクトルの成分表示

ベクトルを表すときに矢印の大きさと方向をある数値で表しておいた方が，計算するときに便利な場合が多い．図 1.7 のような xy 平面上の 2 次元ベクトル A を考えると，矢印の始点 O を xy 座標の原点におけば，終点 P には座標 (A_x, A_y) が対応する．この座標をベクトルの**成分**とよび，

$$A = (A_x, A_y)$$

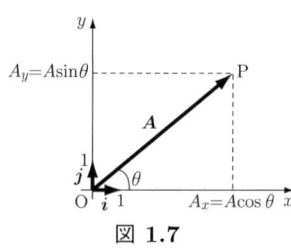

図 1.7

のように表す．ここで，A_x を x 成分，A_y を y 成分といい，この 2 組の値で 2 次元ベクトルが表現される．A の大きさ A はベクトルの長さであるから，ピタゴラスの定理より

$$A = |\boldsymbol{A}| = \sqrt{A_x^2 + A_y^2}$$

と表すことができる．$\boldsymbol{A}$ が x 軸の正の向きとなす角を θ とするとき，

$$A_x = A\cos\theta, \qquad A_y = A\sin\theta$$

である．x, y 軸上にある長さ 1 の**単位ベクトル**

$$\boldsymbol{i} = (1, 0), \qquad \boldsymbol{j} = (0, 1)$$

を用いると，ベクトル $\boldsymbol{A} = (A_x, A_y)$ はベクトルの合成より

$$\boldsymbol{A} = A_x \boldsymbol{i} + A_y \boldsymbol{j}$$

のように表すこともできる．

このように表示すると，ベクトルの和や差は成分に対応する数値の計算で行うことができる．まず，ベクトル $\boldsymbol{A} = A_x \boldsymbol{i} + A_y \boldsymbol{j}$ とベクトル $\boldsymbol{B} = B_x \boldsymbol{i} + B_y \boldsymbol{j}$ の合成は $\boldsymbol{A}$ と $\boldsymbol{B}$ それぞれの成分の和になる．すなわち，

$$\begin{aligned}\boldsymbol{A} + \boldsymbol{B} &= A_x \boldsymbol{i} + A_y \boldsymbol{j} + B_x \boldsymbol{i} + B_y \boldsymbol{j} \\ &= (A_x + B_x)\boldsymbol{i} + (A_y + B_y)\boldsymbol{j} = (A_x + B_x, A_y + B_y)\end{aligned}$$

図 1.8 のように，この関係は図からも理解できる．

同じように，ベクトルの差は

$$\boldsymbol{A} - \boldsymbol{B} = (A_x - B_x)\boldsymbol{i} + (A_y - B_y)\boldsymbol{j} = (A_x - B_x, A_y - B_y)$$

である．ベクトルのスカラー倍は，

$$a\boldsymbol{A} = a(A_x \boldsymbol{i} + A_y \boldsymbol{j}) = aA_x \boldsymbol{i} + aA_y \boldsymbol{j} = (aA_x, aA_y)$$

のように，各成分がスカラー倍される．

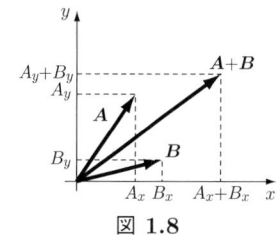

図 1.8

■ 3 次元のベクトル

我々が住む 3 次元空間の運動を表すためには 3 次元のベクトルを考える必要がある．3 次元のベクトルも 2 次元と同様の性質をもっているが，その成分は図 1.9 のように z 成分が加わり，1 つ増えることになる．ベクトル $\boldsymbol{A}$ の成分は

$$\boldsymbol{A} = (A_x, A_y, A_z)$$

となる．ここで座標軸として互いに直角に交わる直線（x, y, z 軸）をとるのだが，通常は右手の親指，人差し指，中指を互いに直角に開いた形で，この順に x, y, z 軸をとる．これを**右手座標系**とよぶ．x, y, z 軸にある長さ 1 の単位ベクトル

$$\boldsymbol{i} = (1, 0, 0), \qquad \boldsymbol{j} = (0, 1, 0), \qquad \boldsymbol{k} = (0, 0, 1)$$

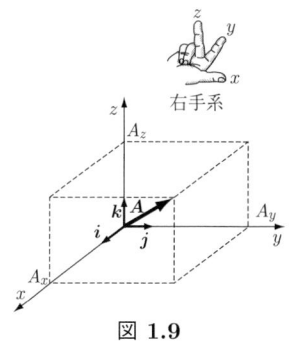

図 1.9

を考えれば，$\bm{A}$ は成分を用いて

$$\bm{A} = A_x \bm{i} + A_y \bm{j} + A_z \bm{k}$$

と表すことができる．また，ベクトル $\bm{A}$ の大きさは

$$A = |\bm{A}| = \sqrt{A_x^2 + A_y^2 + A_z^2}$$

となる．

3 次元のベクトル $\bm{A} = A_x \bm{i} + A_y \bm{j} + A_z \bm{k}$ と $\bm{B} = B_x \bm{i} + B_y \bm{j} + B_z \bm{k}$ の和および差は 2 次元のベクトルと同様に平行四辺形の法則にしたがう．成分表示では各成分の和，差をとればよく，

$$\begin{aligned}
\bm{A} + \bm{B} &= (A_x + B_x)\bm{i} + (A_y + B_y)\bm{j} + (A_z + B_z)\bm{k} \\
&= (A_x + B_x, A_y + B_y, A_z + B_z) \\
\bm{A} - \bm{B} &= (A_x - B_x)\bm{i} + (A_y - B_y)\bm{j} + (A_z - B_z)\bm{k} \\
&= (A_x - B_x, A_y - B_y, A_z - B_z)
\end{aligned}$$

となる．

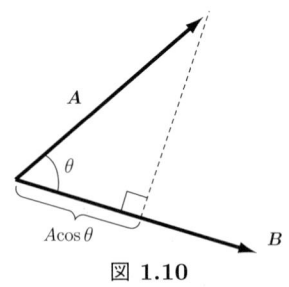

図 1.10

内積（スカラー積）

■ ベクトルの内積

図 1.10 に示すようにベクトル $\bm{A}$ と $\bm{B}$ のなす角度を θ とするとき，$\bm{A}$ と $\bm{B}$ の内積 $\bm{A} \cdot \bm{B}$ は次のように定義される．

$$\bm{A} \cdot \bm{B} = AB \cos\theta$$

ただし $0 \leqq \theta \leqq 180°$ とする．内積の意味として，ベクトル $\bm{A}$ の先からベクトル $\bm{B}$ の示す直線上に垂線をおろすと，$A\cos\theta$ は $\bm{A}$ の $\bm{B}$ 方向への成分となっていることがわかる．内積はこの成分 $A\cos\theta$ と $\bm{B}$ の大きさ B との積というスカラー量になっており，**スカラー積**とも言われる．

ここで単位ベクトル $\bm{i} = (1,0,0)$，$\bm{j} = (0,1,0)$，$\bm{k} = (0,0,1)$ に対してそれぞれのベクトルのなす角度は $\theta = 90°$ なので，

$$\bm{i} \cdot \bm{j} = \bm{j} \cdot \bm{k} = \bm{k} \cdot \bm{i} = 0$$

となる．また，同じベクトルどうしがなす角は $\theta = 0$ となり，

$$\bm{i} \cdot \bm{i} = \bm{j} \cdot \bm{j} = \bm{k} \cdot \bm{k} = 1$$

となることがわかる．これを用いると，

$$\begin{aligned}
\bm{A} \cdot \bm{B} &= (A_x \bm{i} + A_y \bm{j} + A_z \bm{k}) \cdot (B_x \bm{i} + B_y \bm{j} + B_z \bm{k}) \\
&= A_x B_x \bm{i} \cdot \bm{i} + A_x B_y \bm{i} \cdot \bm{j} + A_x B_z \bm{i} \cdot \bm{k} + A_y B_x \bm{j} \cdot \bm{i} + A_y B_y \bm{j} \cdot \bm{j} \\
&\quad + A_y B_z \bm{j} \cdot \bm{k} + A_z B_x \bm{k} \cdot \bm{i} + A_z B_y \bm{k} \cdot \bm{j} + A_z B_z \bm{k} \cdot \bm{k}
\end{aligned}$$

$$= A_x B_x + A_y B_y + A_z B_z$$

のように内積を成分で表すことができる．B が x 方向の単位ベクトル i のときには

$$\bm{A} \cdot \bm{i} = A\cos\theta = A_x$$

となり，x 方向の単位ベクトルとの内積をとることでベクトルの x 成分を抽出することができる．同様に，$\bm{A} \cdot \bm{j} = A_y$, $\bm{A} \cdot \bm{k} = A_z$ である．このようにベクトルのある方向の成分を取り出す操作を**射影**という．

ベクトルの内積に関しては以下の計算法則が成り立つ．

$$\bm{A} \cdot \bm{B} = \bm{B} \cdot \bm{A}$$
$$\bm{A} \cdot (\bm{B} + \bm{C}) = \bm{A} \cdot \bm{B} + \bm{A} \cdot \bm{C}$$
$$(k\bm{A}) \cdot \bm{B} = \bm{A} \cdot (k\bm{B}) = k(\bm{A} \cdot \bm{B})$$

■ ベクトルの外積

図 1.11 のように始点が同じ 2 つのベクトル $\bm{A}$ と $\bm{B}$ があるとき，$\bm{A}$ と $\bm{B}$ 両方に対して垂直であり，$\bm{A}$ を $\bm{B}$ に向けて回転させたときに「右ねじ」[3] の進む向きをもつベクトル $\bm{C}$ を考える．この $\bm{C}$ の大きさは $\bm{A}$ と $\bm{B}$ を 1 辺とする平行四辺形の面積

$$|\bm{C}| = AB\sin\theta$$

で与えるとする．ここで θ は $\bm{A}$, $\bm{B}$ のなす角であり，$0 \leqq \theta \leqq 180°$ とする．このように定義されるベクトル $\bm{C}$ を，$\bm{A}$ と $\bm{B}$ の**外積**といい，

$$\bm{C} = \bm{A} \times \bm{B}$$

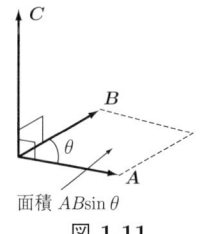

面積 $AB\sin\theta$
図 1.11

外積（ベクトル積）

のように表す．ベクトルの内積はスカラー量であったが，外積はベクトル量になるため，**ベクトル積**ともよばれる．外積はベクトルの回転に関係し，回転運動を扱うときに登場する．

外積の計算法則として，

$$\bm{A} \times \bm{A} = 0$$
$$\bm{A} \times \bm{B} = -\bm{B} \times \bm{A}$$
$$\bm{A} \times (\bm{B} + \bm{C}) = \bm{A} \times \bm{B} + \bm{A} \times \bm{C}$$

が成立する．単位ベクトル $\bm{i}$, $\bm{j}$, $\bm{k}$ の外積を考えると，

$$\bm{i} \times \bm{j} = \bm{k}, \quad \bm{j} \times \bm{k} = \bm{i}, \quad \bm{k} \times \bm{i} = \bm{j}$$

となる．これを用いると，$\bm{A} = A_x\bm{i} + A_y\bm{j} + A_z\bm{k}$ と $\bm{B} = B_x\bm{i} + B_y\bm{j} + B_z\bm{k}$ のベクトル積の成分表示は，

---
[3] 一般的に，ねじは右（時計回り）にまわすと入る（進む）ようにできている．

$$\begin{aligned}
\bm{A} \times \bm{B} &= (A_x\bm{i} + A_y\bm{j} + A_z\bm{k}) \times (B_x\bm{i} + B_y\bm{j} + B_z\bm{k}) \\
&= A_xB_x\bm{i}\times\bm{i} + A_xB_y\bm{i}\times\bm{j} + A_xB_z\bm{i}\times\bm{k} \\
&\quad + A_yB_x\bm{j}\times\bm{i} + A_yB_y\bm{j}\times\bm{j} + A_yB_z\bm{j}\times\bm{k} \\
&\quad + A_zB_x\bm{k}\times\bm{i} + A_zB_y\bm{k}\times\bm{j} + A_zB_z\bm{k}\times\bm{k} \\
&= (A_yB_z - A_zB_y)\bm{j}\times\bm{k} + (A_zB_x - A_xB_z)\bm{k}\times\bm{i} \\
&\quad + (A_xB_y - A_yB_x)\bm{i}\times\bm{j} \\
&= (A_yB_z - A_zB_y)\bm{i} + (A_zB_x - A_xB_z)\bm{j} + (A_xB_y - A_yB_x)\bm{k} \\
&= (A_yB_z - A_zB_y, A_zB_x - A_xB_z, A_xB_y - A_yB_x)
\end{aligned}$$

のように書ける.また,行列式を用いると,

$$\bm{A}\times\bm{B} = \begin{vmatrix} \bm{i} & \bm{j} & \bm{k} \\ A_x & A_y & A_z \\ B_x & B_y & B_z \end{vmatrix}$$

と書ける.

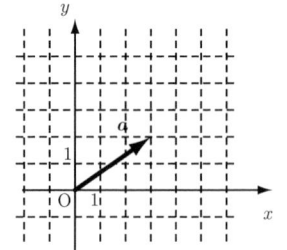

例題 1.5 ベクトルの成分と内積

(1) 図 1.12 のように $\bm{a}$ と $\bm{b}$ が与えられている.$\bm{a}$ と $\bm{b}$ の x 成分および y 成分をそれぞれ求めよ.

(2) $\bm{A} = (-3, 1, 4)$,$\bm{B} = (-1, 0, 2)$ のとき,$\bm{A}$ と $\bm{B}$ の内積の値を求めよ.

[解答]

(1) 目盛りより,$\bm{a} = (3, 2)$.また,$\bm{b} = (2\cos 60°, 2\sin 60°) = (1, \sqrt{3})$

(2) $\bm{A}\cdot\bm{B} = (-3)\times(-1) + 1\times 0 + 4\times 2 = 11$

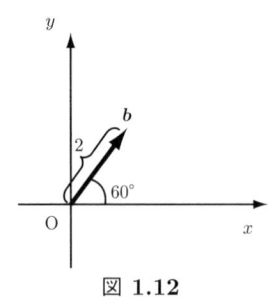

図 1.12

例題 1.6 ベクトルの分解

$\bm{a} = (2, 1)$,$\bm{b} = (-1, 3)$ のとき $\bm{c} = (3, 5)$ を $m\bm{a} + n\bm{b}$ の形に表せ.

[解答]
$m\bm{a} + n\bm{b} = m(2, 1) + n(-1, 3) = (2m - n, m + 3n)$
これが $\bm{c} = (3, 5)$ と等しいとき,

$$\begin{cases} 2m - n = 3 \\ m + 3n = 5 \end{cases}$$

これを解いて,$m = 2$,$n = 1$.よって,$\bm{c} = 2\bm{a} + \bm{b}$.

> **例題 1.7** ベクトルのなす角
>
> $\boldsymbol{a}+\boldsymbol{b}=(7,4)$, $\boldsymbol{a}-\boldsymbol{b}=(-3,2)$ のとき,$\boldsymbol{a}$ と $\boldsymbol{b}$ のなす角を求めよ.

[解答]
$\boldsymbol{a}=(2,3)$,$\boldsymbol{b}=(5,1)$
よって $\boldsymbol{a}\cdot\boldsymbol{b}=2\times 5+3\times 1=13$.
一方,$a=\sqrt{2^2+3^2}=\sqrt{13}$,$b=\sqrt{5^2+1^2}=\sqrt{26}$ より,$\boldsymbol{a}$ と $\boldsymbol{b}$ のなす角を θ とすると,
$\boldsymbol{a}\cdot\boldsymbol{b}=ab\cos\theta=13\sqrt{2}\cos\theta$.
よって $\cos\theta=\dfrac{1}{\sqrt{2}}$ より,$\theta=45°$.

演習問題 A

1.1 導関数の定義
導関数の定義に従って，次の関数の導関数を求めよ．

(1) $\dfrac{1}{x}$ 　　(2) $\sqrt{x}$ 　　(3) e^x 　　(4) $\log x$

1.2 微分の計算
次の関数を微分せよ．

(1) $x^2(x+1)$ 　　(2) $(x+1)\sqrt{x}$ 　　(3) $\sin x \cos x$

(4) $(x^2+1)e^x$ 　　(5) $x\log x - x$ 　　(6) $e^x(\sin x + \cos x)$

(7) $\dfrac{1}{\tan x}$ 　　(8) $\dfrac{x}{x+1}$ 　　(9) $\dfrac{3x-7}{x^2+1}$

(10) $\dfrac{1}{\sqrt{x}}$ 　　(11) $\dfrac{\log x}{x}$ 　　(12) $\dfrac{x}{e^x}$

(13) $\dfrac{1}{\log x}$ 　　(14) $\dfrac{1}{x\sin x}$

1.3 合成関数の微分
次の関数を微分せよ．

(1) $\sqrt{x^2+3}$ 　　(2) $(2x+1)^8\sqrt{x}$ 　　(3) $\sin 3x$

(4) e^{-5x+3} 　　(5) e^{-x^2+1} 　　(6) $\log(1-x)$

(7) $\cos^3 x$ 　　(8) $e^{-2x}\sin 5x$ 　　(9) $\log(\sin x)$

1.4 微分する変数の明示
次の関数を [ ] 内の変数で微分せよ．

(1) $h = v_0 t - \dfrac{1}{2}gt^2$ 　$[t]$ 　　(2) $V = \dfrac{4}{3}\pi r^3$ 　$[r]$

(3) $F = \dfrac{GMm}{r^2}$ 　$[r]$ 　　(4) $f = A\sin 2\pi\left(\dfrac{x}{\lambda} - \dfrac{t}{T}\right)$ 　$[x]$

1.5 2階の導関数
次の関数の2階の導関数を計算せよ．

(1) $\dfrac{1}{x+1}$ (2) $\log(x^2+1)$ (3) $x^2 e^{-x}$

1.6 定積分の計算
次の定積分を求めよ．

(1) $\displaystyle\int_{-1}^{1}(3x-1)^2\,dx$ (2) $\displaystyle\int_{\pi}^{0}\sin\dfrac{t+\pi}{3}\,dt$

(3) $\displaystyle\int_{0}^{\frac{\pi}{2}}\sin^3 x\cos x\,dx$ (4) $\displaystyle\int_{0}^{1}\dfrac{x}{1+x^2}\,dx$

(5) $\displaystyle\int_{-1}^{0}x(1+x)^6\,dx$ (6) $\displaystyle\int_{e}^{e^2}\dfrac{1}{x\log x}\,dx$

(7) $\displaystyle\int_{1}^{e}x\log x\,dx$ (8) $\displaystyle\int_{0}^{1}xe^{2x}\,dx$

(9) $\displaystyle\int_{0}^{\pi}x\cos 2x\,dx$ (10) $\displaystyle\int_{0}^{\pi}e^{-x}\sin x\,dx$

(11) $\displaystyle\int_{1}^{2}\dfrac{x-4}{x^2-8x+4}\,dx$ (12) $\displaystyle\int_{2}^{3}\dfrac{1}{x^2-16}\,dx$

1.7 グラフで囲まれた図形の面積
(1) 曲線 $y=\sin x\;(0\le x\le\pi)$ と x 軸とで囲まれた部分の面積 S を求めよ．
(2) $0\le x\le 1,\;x^2\le y\le x$ で囲まれる領域の面積を求めよ．
(3) 関数のグラフ $y=x+2$ と $y=x^2$ が囲む図形の面積を求めよ．

1.8 ベクトルの和と差
3つのベクトル $\boldsymbol{a},\boldsymbol{b},\boldsymbol{c}$ が図 1.13 のように与えられているとき，次のベクトルを作図せよ．

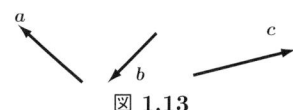

図 1.13

(1) $\boldsymbol{a}+\boldsymbol{b}$ (2) $\boldsymbol{b}-\boldsymbol{c}$ (3) $2\boldsymbol{a}-3\boldsymbol{b}$ (4) $\boldsymbol{a}+\boldsymbol{b}-3\boldsymbol{c}$

1.9 ベクトルの計算

$x=(2,2\sqrt{3})$, $y=(3,-\sqrt{3})$ であるとき，次の問いに答えよ．

(1) x の大きさと x に平行な単位ベクトルを求めよ．

(2) $x-y$ を求めよ．

(3) x と y のなす角度を求めよ．

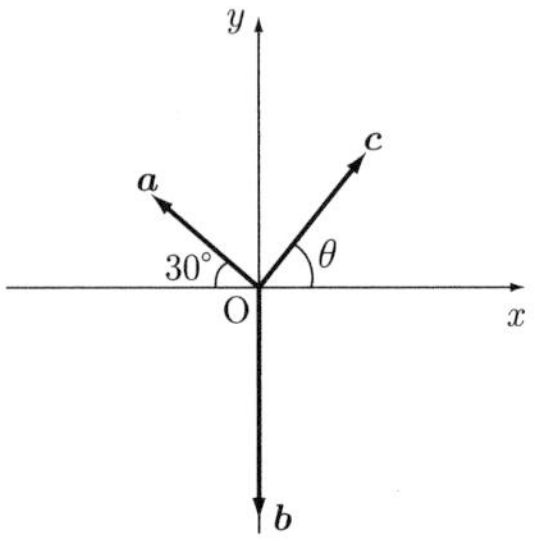

1.10 ベクトルの和と成分

3つのベクトル a, b, c が図1.14のように与えられている．$a=5$, $b=10$ のとき，次の各問いに答えよ．

(1) a の x 成分と y 成分を求めよ．

(2) $a+b+c=0$ のとき，c の大きさと，c と x 軸のなす角 θ を求めよ．

図 1.14

1.11 内積の計算

$a=5$, $b=3$, $|a-b|=4$ のとき，次の内積を求めよ．

(1) $a \cdot b$ 　　　　　　　　(2) $(a+b) \cdot (a+2b)$

1.12 外積の計算

$a=(1,2,3)$ と $b=(4,5,6)$ のとき，$a \times b$ を計算せよ．

演習問題 B

1.13 ベクトルの外積

3次元のベクトル $\boldsymbol{A}$, $\boldsymbol{B}$, $\boldsymbol{C}$ があるとき,$\boldsymbol{A} \cdot (\boldsymbol{B} \times \boldsymbol{C})$ をスカラー3重積,$\boldsymbol{A} \times (\boldsymbol{B} \times \boldsymbol{C})$ をベクトル3重積とよぶ.

(1) スカラー3重積をそれぞれのベクトルの x, y, z 成分を用いて表せ.

(2) スカラー3重積は3つのベクトル $\boldsymbol{A}$, $\boldsymbol{B}$, $\boldsymbol{C}$ を1辺にもつ平行六面体の体積になっていることを示せ.

(3) ベクトル3重積に関して,$\boldsymbol{A} \times (\boldsymbol{B} \times \boldsymbol{C}) = (\boldsymbol{A} \cdot \boldsymbol{C})\boldsymbol{B} - (\boldsymbol{A} \cdot \boldsymbol{B})\boldsymbol{C}$ が成り立つことを示せ.

第2章 位置，速度，加速度

ガリレオ（1564-1642, 伊）

自動車や新幹線，ロケット，惑星など，我々が住む世界では様々な物体が多種多様な運動をしている．物体の運動を表すとき，「スピードが速い」，「遅くなっている」，「止まっている」のような表現を使うが，「速度」，「加速度」という量を用いると，誰にとっても共通に正しく運動を表現できる．本章では前章の内容を基に，運動を数学的に記述する方法を学び，具体的な現象に適用できるようになることを目的とする．

2.1 1次元の運動

まず簡単な例として，まっすぐな道を走る自動車のような，直線上の運動（1次元運動）を考える．

■ 位置の表し方

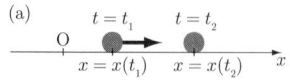

物体が直線に沿って運動する場合には，図 2.1(a) のようにその直線を座標軸に選び，適当な位置に原点 O を定めると，物体の位置は座標 x によって表される．

物体の位置が時間の経過とともに変化する場合の物体の位置座標は，$x = x(t)$ のように t の関数で与えられる．物体の位置の時間変化は図 2.1(b) のように横軸に時間 t，縦軸に物体の位置 x を選んだ x-t グラフで図示される．時刻 t_1 での物体の位置は $x(t_1)$，時刻 t_2 での物体の位置は $x(t_2)$ で与えられる．時刻 t_1 から時刻 t_2 までの時間 $\Delta t = t_2 - t_1$ の間に物体の位置は $\Delta x = x(t_2) - x(t_1)$ だけ変化する．このときの位置の変化 Δx を時刻 t_1 から時刻 t_2 までの物体の**変位**という．

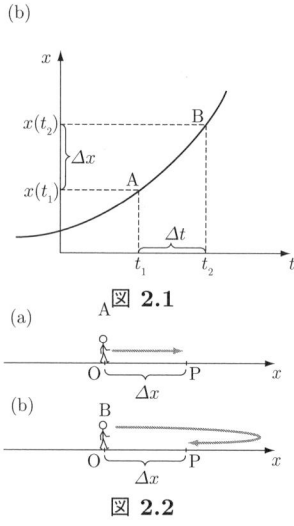

図 2.1

図 2.2

変位は実際の移動距離とは関係なく，最初と最後の位置 $x(t_1)$, $x(t_2)$ だけで決まる量であることに注意して欲しい．例えば A さんは図 2.2(a) のように原点 O から点 P に移動し，B さんは図 2.2(b) のように点 P に移動した場合，移動距離は異なるが変位は同じである．以下では，物体の位置の変化を表す量として，経路に沿って測った移動距離ではなく，物体がどちら向きにどれだけ位置を移動したかを表す変位を考える．変位は正負の符号をもつ．

■ 速さと速度

運動している物体の平均的な**速さ**は，

$$\text{物体の速さ} = \frac{\text{移動距離}}{\text{経過時間}}$$

のように単位時間あたりの移動距離で表される．時間の単位に秒（記号 s），距離の単位にメートル（記号 m）を用いると，速さの単位は，メートル毎秒（記号 m/s）である．1 m/s とは1秒あたり1 m進むような速さに対応する．日常生活では時間と距離の単位を時間（単位 h）とキロメートル（記号 km）で表したキロメートル毎時（記号 km/h）がよく使われる．

図2.3のように，60 km/hで西に向かう自動車Aと東に向かう自動車Bでは同じ速さでも進む向きが違う．物体の運動を正しく表すには，速さに加え運動の向きをさらに指定しなければならない．速さと運動の向きをあわせ持つ量を**速度**という．速度はベクトルであるが，速さは大きさだけをもつスカラーである．

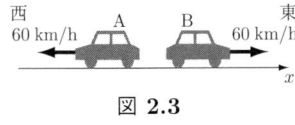

図 **2.3**

1次元の運動の場合，速度ベクトルの成分は1つ（例えば x 成分）しかない．よって速度の向きと大きさはこの成分の符号とスカラーである速さによって定めることができる．この成分を1次元運動における速度とよぶことにする．成分の値は位置を表す座標軸の方向をどのように決めるかで変わってくるが，東向きを x 軸正の向きと決めると自動車Aの速度は $-60\,\text{km/h}$，自動車Bの速度は $60\,\text{km/h}$ のように表される．

■ 速度の合成と相対速度

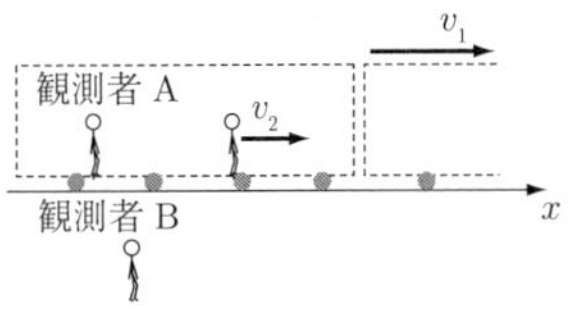

例えば，直線（x 軸）上を速度 v_1 で走っている電車の中を，電車に対して速度 v_2 で人が歩いているとする（図2.4）．このとき，同じ電車の中で静止している観測者Aにとっては歩いている人の速度は v_2 である．一方，地面で静止している観測者Bから見た電車内を歩く人の速度は，電車の速度を加えた

$$v = v_1 + v_2$$

である．このように，2つの速度を加えることを**速度の合成**という．

次に，観測者もある速度で動いている場合を考えよう．例えば，同一直線上において，速度 40 km/h で走る車Aの運転手が速度 60 km/h で走る車Bを見た場合，車Bは速さ 20 km/h で進行方向に遠ざかっていくことがわかる．また，車Cが速度 30 km/h ならば，車Aから見て車Cは速さ 10 km/h で進行方向と逆向きに遠ざかっていくことがわかる．一般に直線上の運動では，2つの物体A, Bがそれぞれ速度 v_A, v_B で運動しているとき，物体Aから見た物体Bの速度は運動の向きを表す符号も含めて

$$v_{AB} = v_B - v_A$$

と表される．この v_{AB} をAに対するBの**相対速度**という．

図 **2.4**

速度の合成

相対速度

■ 平均の速度と瞬間の速度

人がジョギングをしているとき，下り坂では速く走ったり，上り道で疲れてきたらゆっくり走ったりして，その人の運動の速さは時々刻々と変化している．ジョギングコースに沿って x 軸を取ったとき[1])，この人の運動の $x\text{-}t$ グラフは例えば図 2.5 のような曲線で表せる．

今，人がある時刻 t に位置が $x = x(t)$ の A 地点を通過し，それから Δt 秒経過した後に $x = x(t + \Delta t)$ の B 地点を通過したとする．このとき，AB 間の**平均の速度** $\bar{v}$ は，変位 $\Delta x = x(t + \Delta t) - x(t)$ を用いて，

$$\bar{v} = \frac{\Delta x}{\Delta t} = \frac{x(t + \Delta t) - x(t)}{\Delta t}$$

と表せる．変位から計算される速度は正負の符号をもつので，向きの情報まで含んでいる．

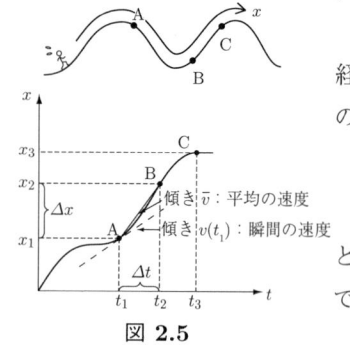

図 2.5

この平均の速度からは A～B 間で速度が時々刻々と変化していることはわからない．これを知るためには，A～B 間の色々な時刻で細かい時間間隔 Δt を用いた多数の平均の速度のデータを出す必要がある．経過時間 Δt を限りなく小さくとったときの平均の速度を，時刻 t での**瞬間の速度**，または単に**速度**という．式で表すと，

$$v = \lim_{\Delta t \to 0} \frac{\Delta x}{\Delta t} = \frac{dx}{dt}$$

となる．図 2.5 より t での瞬間の速度 $v(t)$ は点 A でのグラフの傾きになることがわかる．

ここで述べたことは 1.1 節で述べた平均変化率および導関数の定義に他ならないことがわかる．すなわち関数 $x = x(t)$ が与えられると，ある時刻 t での速度 $v(t)$ は $x(t)$ の導関数を計算して求められ，$x\text{-}t$ グラフの時刻 t での接線の傾きに等しい．瞬間の速度は時刻 t の関数であり，時々刻々と変化する．物体が一定の速度で運動（**等速度運動**）をしている場合，平均の速度と瞬間の速度は等しい．

■ 加速度

ここで速度 $v = v(t)$ と時刻 t の関係をグラフにした $v\text{-}t$ グラフを考えてみよう．図 2.5 の $x\text{-}t$ グラフから得られる $v\text{-}t$ グラフを図 2.6 に示す．A 地点から B 地点へは速度が増加しているが，B 地点から C 地点は上り坂のために減少している．このような速度の変化の割合を表すために，単位時間あたりの速度の変化量

$$\bar{a} = \frac{\Delta v}{\Delta t} = \frac{v(t + \Delta t) - v(t)}{\Delta t}$$

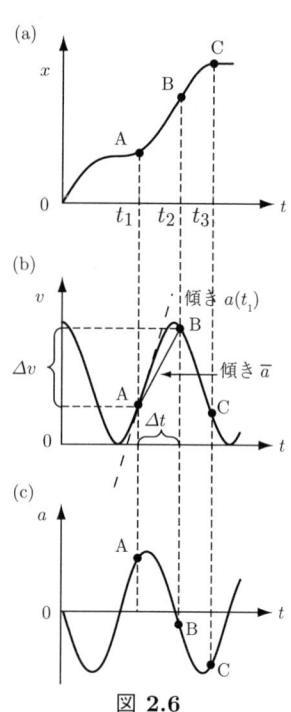

図 2.6

を考えよう．この $\bar{a}$ をこの間の**平均の加速度**という．加速度の単位は，m/s をさらに s で割っているので，メートル毎秒毎秒（記号 m/s^2）である．

---

[1]) ジョギングコースは直線ではないが，図 2.5 のように x 軸をとってその曲がりを伸ばせば直線の x 軸が得られる．

速度のときと同じように，平均の加速度 $\bar{a}$ の時間間隔 Δt を限りなく小さくすると $\bar{a}$ は極限値 $a(t)$ に近づく．速度が $v = v(t)$ で変化しているとき，時刻 t における加速度 $a(t)$ は次のように書き表せる．

$$a(t) = \lim_{\Delta t \to 0} \frac{\Delta v}{\Delta t} = \frac{\mathrm{d}v}{\mathrm{d}t}$$

この $a(t)$ を時刻 t における**瞬間の加速度**，あるいは単に**加速度**という．図 2.6 の v-t グラフでは，$a(t_1)$ は点 A における接線の傾きに等しくなる．

加速度 $a(t)$ は速度 $v(t)$ の導関数であるが，速度 $v(t)$ は位置 $x(t)$ の導関数なので，

$$a(t) = \frac{\mathrm{d}v}{\mathrm{d}t} = \frac{\mathrm{d}}{\mathrm{d}t}\left(\frac{\mathrm{d}x}{\mathrm{d}t}\right) = \frac{\mathrm{d}^2 x}{\mathrm{d}t^2}$$

加速度

である．

加速度も速度と同じく，方向と大きさをもつベクトルである．図 2.6 に v-t に対応する a-t グラフを示した．正の加速度，および負の加速度はそれぞれ速度の増加と減少に対応する．

■ **等加速度直線運動**

加速度運動の最も簡単な例として，時間に対して変化しない一定の加速度 a で一直線上を運動する物体を考えよう．加速度 a が正で一定の場合，速度は一定の割合で増加していることを意味するので，v-t グラフは図 2.7 のように右肩上がりの直線になる．時刻 $t = 0$ における速度 v_0 を**初速度**という．直線の傾きが加速度 a であるので，この直線の式は

$$v(t) = v_0 + at$$

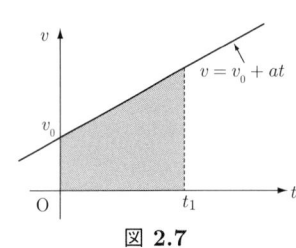

図 2.7

と表される．$a < 0$ の場合は右肩下がりになる．$a = 0$ のときは速度が一定となり，**等速直線運動**となる．

等加速度運動をする物体の変位は次のようにして求めることができる．図 2.7 で物体の速度は時刻とともに連続的に変化しているが，時間 t を非常に短い時間間隔 Δt に分割したとき，Δt の間における台車の平均の速度 $\bar{v}$ を用いて，この区間での台車の変位は $\Delta x = \bar{v} \Delta t$ と書ける．これは図 2.8 のグラフに示す長方形の 1 つの面積に等しい．時刻 $t = 0$ から $t = t_1$ までの変位は，各長方形の面積 Δx を時刻 0 から t まで合計したものである．分割数を増やして Δt を限りなく小さくとると，$\bar{v}$ は瞬間の速度 v となり，長方形の面積の合計値はグラフの灰色の部分の面積に近づいていく．したがって，v-t グラフと t 軸，および直線 $t = 0$ と $t = t_1$ で囲まれる台形の面積がこの間の変位となる．

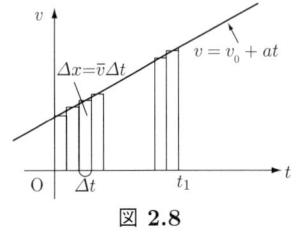

図 2.8

この説明は 1.2 節で説明した定積分の議論とまったく同じであることに注目しよう．すなわち，時刻 t における変位 $x(t)$ は $v(t)$ の定積分によって求めることができる．式で表すと，

$$x(t) = \int_0^t v(t')\mathrm{d}t' = \int_0^t (v_0 + at')\mathrm{d}t' = v_0 t + \frac{1}{2}at^2$$

となる．ここで積分変数は t と区別するために t' とした．変位 $x(t)$ が与えられれば，それを微分することで速度 $v(t)$，さらに微分することで，加速度 $a(t)$ が得られる．逆に，加速度 $a(t)$ が与えられたとき，それを積分することで速度 $v(t)$ が得られ，さらに積分することで変位 $x(t)$ が得られる．このことは微分方程式を解くことと関連しており，時間とともに変化する一般の加速度 $a(t)$ の場合も含めて第 4 章で詳しく学習する．

例題 2.1 変位と平均速度

ある人が原点 O から直線上を東向きに 20 s で 50 m 歩き，次の 10 s で西向きに 20 m 歩いて点 P に達した．東向きを正の方向とし，原点 O を出発してから 30 s 後のこの人の変位と 30 s 間の平均の速度を求めよ．

[解答]

変位は原点からの位置なので，30 m．
平均の速度は変位を用いて，$\bar{v} = \dfrac{30\,\mathrm{m}}{30\,\mathrm{s}} = 1\,\mathrm{m/s}$

例題 2.2 等加速度運動

x 軸上を運動する物体の時刻 t [s] での位置 x [m] が，

$$x(t) = -t^2 + 8t \quad [\mathrm{m}]$$

で与えられている．

(1) $t = 2.0$ s, $t = 4.0$ s における物体の位置を求めよ．

(2) $t = 2.0$ s から $t = 4.0$ s の間の平均の速度を求めよ．

(3) $t = 2.0$ s での物体の速度と加速度を求めよ．

[解答]
(1) $x(2) = -2^2 + 8 \times 2 = 12$ m, $x(4) = -4^2 + 8 \times 4 = 16$ m
(2) $\bar{v} = \dfrac{x(4) - x(2)}{4 - 2} = \dfrac{16 - 12}{4 - 2} = 2$ m/s
(3) 速度は位置の微分で求まるので，$v(t) = x'(t) = -2t + 8$ より，
$v(2) = -4 + 8 = 4$ m/s
加速度は速度の微分で求まるので，$a(t) = v'(t) = -2$ m/s^2

例題 2.3　等加速度運動

図 2.9 は x 軸上を等加速度運動している物体が，原点 O を時刻 $t=0$ s に通過した後の速度 v [m/s] と時刻 t [s] の関係を表したグラフである．

(1) 物体の加速度を求めよ．

(2) $t=0$ s から $t=5$ s までに物体が原点から最も遠ざかる時刻を求めよ．また，そのときの物体の位置を求めよ．

(3) $t=0$ s から $t=5$ s までに物体が動いた距離および変位を求めよ．

(4) 物体の位置 x [m] と時刻 t [s] の関係を式で表せ．

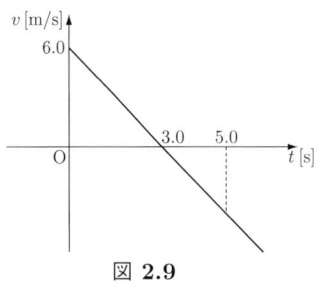

図 2.9

[解答]
(1) グラフの傾きより -2 m/s^2
(2) v-t グラフの直線が t 軸と交わる点は速度が正から負に変わる時刻であり，この点で変位は正に最大となる．したがって，$t=3$ s で物体は原点から最も遠ざかり，そのときの位置は v-t グラフの面積より，$x = 3 \times 6 \times \dfrac{1}{2} = 9$ m．
(3) 移動距離は v-t グラフの面積より，$3 \times 6 \times \dfrac{1}{2} + 2 \times 4 \times \dfrac{1}{2} = 13$ m．
一方，変位は $t=3$ s より後では負の方向に進むので，$9-4=5$ m
(4) $v(t)=6-2t$ で与えられるので，$x(t)=\int_0^t v(t')dt' = 6t-t^2$

2.2　2 次元の運動

■ 位置ベクトル

前節では，物体が直線上を運動（1 次元運動）しているとき，直線（x 軸）上の位置 $x(t)$ がわかっていれば，変位 Δx，速度 v，加速度 a がすべて決まることを学んだ．この考え方は物体が平面上を運動（2 次元運動）する場合に拡張できる．

図 2.10 のように平面上の運動では，直交する 2 つの座標軸 x, y 軸をとり，座標 (x,y) によって物体の位置を決めることができる．この座標は原点 O を始点とし，物体の位置 P を終点とするベクトル $\boldsymbol{r}=(x,y)$ の成分と見なすこともできる．このように，物体の位置を指定するベクトルを**位置ベクトル**という．位置ベクトル $\boldsymbol{r}$ の長さ r は原点 O と物体 P の距離 $r=\sqrt{x^2+y^2}$ である．時刻 t における物体の位置の x, y 座標を $x(t)$, $y(t)$ とすると，位置ベクトルは $\boldsymbol{r}(t)$ は

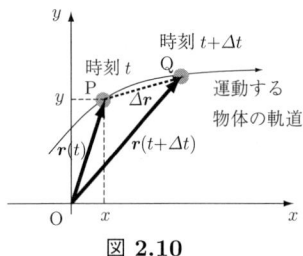

図 2.10

$$\boldsymbol{r}(t)=(x(t),y(t))=x(t)\boldsymbol{i}+y(t)\boldsymbol{j}$$

と表される．

時刻 t に点 P にあった物体が時刻 $t+\Delta t$ には点 Q に移動したとき，位置ベクトルの変化は

$$\Delta \boldsymbol{r} = \boldsymbol{r}(t+\Delta t) - \boldsymbol{r}(t)$$
$$= (x(t+\Delta t) - x(t), y(t+\Delta t) - y(t)) = (\Delta x, \Delta y)$$

である．$\Delta \boldsymbol{r}$ は点 P を始点とし，点 Q を終点とするベクトル $\overrightarrow{\mathrm{PQ}}$ を表している．$\Delta \boldsymbol{r}$ を時間 Δt における変位という．変位は物体の運動の経路に関係なく，点 P と点 Q の位置のみで決まる．

■ 速度

1 次元の運動と同様に，平面（2 次元）運動でも変位 $\Delta \boldsymbol{r}$ を導入して平均の速度が定義できる．平均の速度 $\bar{\boldsymbol{v}}$ は

$$\bar{\boldsymbol{v}} = (\bar{v}_x, \bar{v}_y) = \frac{\Delta \boldsymbol{r}}{\Delta t} = \left(\frac{\Delta x}{\Delta t}, \frac{\Delta y}{\Delta t}\right)$$

と書ける（図 2.11）．ここで $\bar{v}_x, \bar{v}_y$ はそれぞれ平均の速度 $\bar{\boldsymbol{v}}$ の x 成分，y 成分を表す．平均の速度 $\bar{\boldsymbol{v}}$ は変位 $\Delta \boldsymbol{r}$ と同じ向きである．

時刻 t での瞬間の速度 $\boldsymbol{v}(t)$ は，平均の速度の $\Delta t \to 0$ での極限として定義され，

$$\boldsymbol{v}(t) = (v_x(t), v_y(t)) = \lim_{\Delta t \to 0} \frac{\Delta \boldsymbol{r}}{\Delta t} = \frac{\mathrm{d}\boldsymbol{r}}{\mathrm{d}t} = \left(\frac{\mathrm{d}x}{\mathrm{d}t}, \frac{\mathrm{d}y}{\mathrm{d}t}\right)$$

である．図 2.11 からある瞬間の $\boldsymbol{v}(t)$ の方向は運動する物体が描く曲線（軌道）の接線方向で大きさは時刻 t での瞬間の速さ

$$v(t) = |\boldsymbol{v}(t)| = \sqrt{v_x(t)^2 + v_y(t)^2}$$

である．

■ 加速度

図 2.12 のように，時刻 t における速度を $\boldsymbol{v}(t)$，Δt 秒後の時刻 $t+\Delta t$ における速度を $\boldsymbol{v}(t+\Delta t)$ とすれば，その間の速度の変化は

$$\Delta \boldsymbol{v} = \boldsymbol{v}(t+\Delta t) - \boldsymbol{v}(t)$$

である．この速度の変化 $\Delta \boldsymbol{v} = (\Delta v_x, \Delta v_y)$ を時間 Δt で割った

$$\bar{\boldsymbol{a}} = \frac{\Delta \boldsymbol{v}}{\Delta t} = \left(\frac{\Delta v_x}{\Delta t}, \frac{\Delta v_y}{\Delta t}\right)$$

を，この時間における平均の加速度という．

時刻 t での瞬間の加速度 $\boldsymbol{a}(t)$ は，平均の加速度の $\Delta t \to 0$ での極限として定義される．

$$\boldsymbol{a}(t) = (a_x, a_y) = \lim_{\Delta t \to 0} \frac{\Delta \boldsymbol{v}}{\Delta t} = \frac{\mathrm{d}\boldsymbol{v}}{\mathrm{d}t} = \left(\frac{\mathrm{d}v_x}{\mathrm{d}t}, \frac{\mathrm{d}v_y}{\mathrm{d}t}\right)$$

$\boldsymbol{v} = \dfrac{\mathrm{d}\boldsymbol{r}}{\mathrm{d}t}$ を用いて書き直すと，

$$a(t) = \frac{d\boldsymbol{v}}{dt} = \frac{d^2\boldsymbol{r}}{dt^2} = \left(\frac{d^2 x}{dt^2}, \frac{d^2 y}{dt^2}\right)$$

とも書き表せる.

■ **2 次元における速度の合成・分解, 相対速度**

2 次元での速度の合成の例として, 図 2.13 のように静水に対し北向きに速度 $\boldsymbol{v}_1$ をもつ船が, 西から東に速度 $\boldsymbol{v}_2$ で流れている川を進む場合を考える. AB 上にある川の水は Δt 後には $v_2 \Delta t$ 下流の A′B′ に達する. 船はそのとき A′B′ 上の点 C まで, A′C= $v_1 \Delta t$ の距離だけ川岸から離れる. したがって船は Δt の間にベクトル $\overrightarrow{\mathrm{AC}} = \boldsymbol{v}_1 \Delta t + \boldsymbol{v}_2 \Delta t$ だけ変位したことになる. 船の速度ベクトルは

$$\boldsymbol{v} = \frac{\overrightarrow{\mathrm{AC}}}{\Delta t} = \boldsymbol{v}_1 + \boldsymbol{v}_2$$

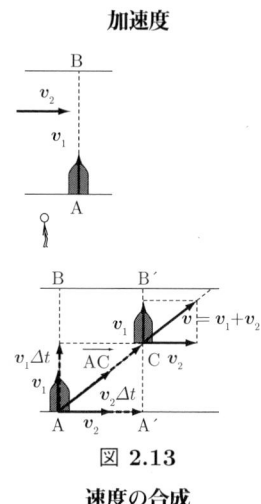

図 2.13
速度の合成

となる. このように合成速度はベクトルの合成で表される.

また, 逆に $\boldsymbol{v}$ をもとの $\boldsymbol{v}_1$ と $\boldsymbol{v}_2$ に分けて考えることもできる. 1 つの速度を 2 つの速度の方向に分けることを**速度の分解**という. 分解する 2 方向の取り方は何通りでも考えられるが, 直角な 2 方向に分解すると便利なことが多い. 図 2.14 は上昇している飛行機の速度 $\boldsymbol{v}$ を互いに垂直な水平方向の x 軸と鉛直方向の y 軸に, それぞれの方向の速度 $\boldsymbol{v}_x = v_x \boldsymbol{i}$ と $\boldsymbol{v}_y = v_y \boldsymbol{j}$ に分解した状態を表している. v_x と v_y は正負の符号を含んだ量と考え, それぞれ速度の x 成分, y 成分という. $\boldsymbol{v}$ の方向が x 軸の正の向きとなす角を θ とするとき,

$$v_x = v \cos\theta, \quad v_y = v \sin\theta$$

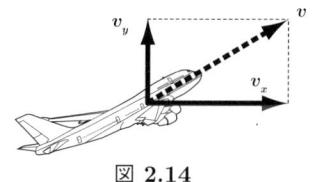

図 2.14

である.

相対速度も同じようにベクトルで示される. 図 2.15 のように平面上を速度 $\boldsymbol{v}_\mathrm{A}$ で走っている自動車から, 速度 $\boldsymbol{v}_\mathrm{B}$ で走っているオートバイを見る場合を考える. このような場合, A から見た B の相対速度 $\boldsymbol{v}_\mathrm{AB}$ は次の式で表される.

$$\boldsymbol{v}_\mathrm{AB} = \boldsymbol{v}_\mathrm{B} - \boldsymbol{v}_\mathrm{A} = \boldsymbol{v}_\mathrm{B} + (-\boldsymbol{v}_\mathrm{A})$$

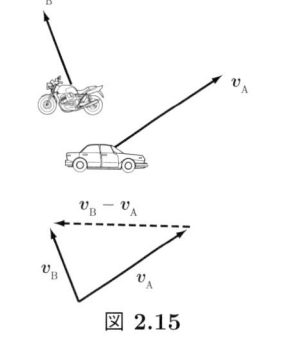

図 2.15

相対速度

■ **等速円運動の速度と加速度**

物体が半径 r の円周上を繰り返し回る運動を**円運動**といい, その速さ v が一定の場合を特に**等速円運動**という.

円運動は平面上の運動である. 図のように, 物体が運動している平面上に円の中心を原点 O として x, y 座標軸をとる. 円周上の物体の位置 P を位置ベクトル $\boldsymbol{r} = (x, y)$ で表す. 時刻 $t = 0$ で $\boldsymbol{r}$ が $+x$ (x 軸の正の向き) を向いているとし, 時刻 t での $\boldsymbol{r}$ と $+x$ 軸とのなす角を θ とする. 角 θ の単位はラジアン (記号 rad) を用い, θ は $+x$ 軸から反時計回りに測るものとする.

ここで，円運動する物体が 1 秒間に何 rad 回転するかを表す**角速度** ω（オメガ）を導入すると，等速円運動では ω は一定で，時間 t の間に回転した角度は

$$\theta = \omega t \tag{2.1}$$

となる．したがって，ω の単位はラジアン毎秒（記号 rad/s）となる．

物体が円周上を 1 回転する時間 T を等速円運動の**周期**という．1 回転するときの回転角は 2π rad なので，

周期
$$T = \frac{2\pi}{\omega} \tag{2.2}$$

である．また，単位時間当たりの**回転数**を f とすると

回転数
$$f = \frac{1}{T} = \frac{\omega}{2\pi} \tag{2.3}$$

という関係がある．これらを用いると，物体の速さ v は円周の長さ $2\pi r$ を時間 T かかって運動するので

円運動の速さ
$$v = \frac{2\pi r}{T} = 2\pi r f = r\omega \tag{2.4}$$

と表せる．

等速円運動の場合，速さは一定であるが，運動の方向は絶えず変化しているために加速度をもつ．等速円運動する物体がもつ速度ベクトル $\boldsymbol{v}$ と加速度ベクトル $\boldsymbol{a}$ を求めてみよう．半径 r の等速円運動を行う物体の時刻 t における点 P での位置ベクトル $\boldsymbol{r}$ は

$$\boldsymbol{r} = (x, y) = (r\cos\omega t, r\sin\omega t) \tag{2.5}$$

と表される．等速円運動している物体の速度 $\boldsymbol{v}(t) = (v_x, v_y)$ と加速度 $\boldsymbol{a}(t) = (a_x, a_y)$ の成分は三角関数の公式を用いて，

$$\begin{aligned} v_x &= \frac{\mathrm{d}x}{\mathrm{d}t} = -r\omega\sin\omega t, \\ v_y &= \frac{\mathrm{d}y}{\mathrm{d}t} = r\omega\cos\omega t, \\ a_x &= \frac{\mathrm{d}v_x}{\mathrm{d}t} = -r\omega^2\cos\omega t = -\omega^2 x, \\ a_y &= \frac{\mathrm{d}v_y}{\mathrm{d}t} = -r\omega^2\sin\omega t = -\omega^2 y \end{aligned} \tag{2.6}$$

これらより，速度 $\boldsymbol{v}$ の大きさ，すなわち速さ v は

$$v = \sqrt{v_x^2 + v_y^2} = r\omega \tag{2.7}$$

であり，加速度 $\boldsymbol{a}$ の大きさは

円運動の加速度の大きさ
$$a = \sqrt{a_x^2 + a_y^2} = r\omega^2 = v\omega = \frac{v^2}{r} \tag{2.8}$$

であることがわかる．

速度ベクトル $\bm{v}$ と位置ベクトル $\bm{r}$ のスカラー積 $\bm{v}\cdot\bm{r}$ を計算すると

$$\bm{v}\cdot\bm{r} = -\omega r^2 \sin\omega t \cos\omega t + \omega r^2 \cos\omega t \sin\omega t = 0 \qquad (2.9)$$

となるので，$\bm{v}$ は $\bm{r}$ に垂直であり，速度は円の接線方向を向くことがわかる（図 2.16）．一方，加速度ベクトル $\bm{a}$ は

$$\bm{a} = (a_x, a_y) = (-\omega^2 x, -\omega^2 y) = -\omega^2 (x, y) = -\omega^2 \bm{r} \qquad (2.10)$$

と書けるので，これから加速度ベクトル $\bm{a}$ は位置ベクトルに逆向きであることがわかる（図 2.16）．等速円運動の加速度は円の中心を向いているので，**向心加速度**という．

円運動の加速度

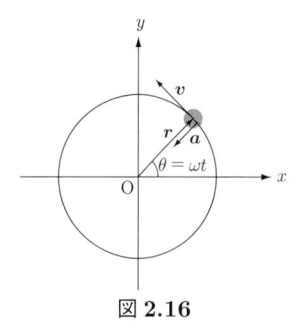

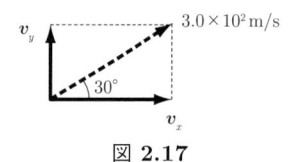

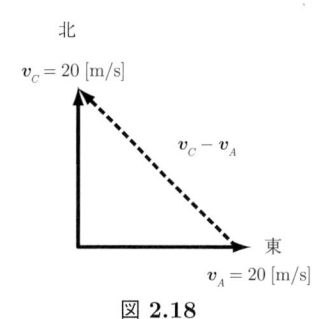

図 2.16

例題 2.4　速度の合成と相対速度

(1) 飛行機が水平方向から $30°$ の角度をなす向きに一定の速さ 3.0×10^2 m/s で上昇しているとき，地上にいる観測者が見た飛行機の速度の水平成分と垂直成分をそれぞれ求めよ．ただし，水平右向きと鉛直上向きをそれぞれ正とする．

(2) 東向きに 20 m/s の速さで進むオートバイ A から次の自動車を見た．そのときのオートバイ A から見た自動車の速度（A から見た自動車の相対速度）を求めよ．

a. 西向きに 20 m/s で進む自動車 B
b. 北向きに 20 m/s で進む自動車 C

[解答]
(1) 図 2.17 のようにベクトルを分解すると，水平成分は 2.6×10^2 m/s，鉛直成分は 1.5×10^2 m/s となる．

(2)
a. 東向きを正とすると，$v_\text{B} - v_\text{A} = -20 - 20 = -40$ m/s．すなわち，西向きに 40 m/s．
b. 図 2.18 のようにベクトルの差 $\bm{v}_\text{C} - \bm{v}_\text{A}$ をとると，相対速度は北西向きに $20\sqrt{2}\approx 28$ m/s の速さ．

図 2.17

図 2.18

> **例題 2.5　2次元の運動**
>
> xy 平面上を運動する物体の時刻 $t(>0)$ での位置ベクトルが
>
> $$\boldsymbol{r}(t) = (2t, -t^2 + 2t)$$
>
> で表されるとき，
> (1) ある時刻 t における速度 $\boldsymbol{v}$ を求めよ．
> (2) 物体の速度の大きさが $2\sqrt{5}$ となる時刻と，そのときの物体の位置を求めよ．
> (3) ある時刻 t における加速度 $\boldsymbol{a}$ を求めよ．

[解答]
(1) $\boldsymbol{v}(t) = \dfrac{\mathrm{d}\boldsymbol{r}(t)}{\mathrm{d}t} = (2, -2t+2)$
(2) $v(t) = \sqrt{2^2 + (-2t+2)^2} = 2\sqrt{t^2 - 2t + 2}$．これが $2\sqrt{5}$ になるとき，$t^2 - 2t + 2 = 5$ を満たす．これを解くと $t = 3, -1$ が解であるが，$t > 0$ より $t = 3$ を採用する．このときの物体の位置は $\boldsymbol{r}(3) = (6, -3)$．
(3) $\boldsymbol{a} = \dfrac{\mathrm{d}\boldsymbol{v}}{\mathrm{d}t} = (0, -2)$

演習問題 A

2.1 変位
A 君は校門を出て西へ 30 m 先のコンビニへ寄った後, コンビニから東へ 50 m 先の図書館へ行った. 図書館にいる A 君の校門からの移動距離と変位を求めよ. ただし西向きを正とする.

2.2 平均の速度と加速度

(1) 200 m を 24 s で走る人の平均の速度の大きさは何 m/s か. また, 何 km/h か.

(2) x 軸上を運動する物体があり, 時刻 $t = 1.0$ s での位置が $x = 8.0$ m であり, 時刻 $t = 3.0$ s での位置が $x = 3.0$ m であった.
   (a) $t = 1.0$ s から $t = 3.0$ s までの変位を求めよ.
   (b) $t = 1.0$ s から $t = 3.0$ s までの平均の速度の向きと大きさを求めよ.

(3) x 軸上を運動する物体があり, 時刻 $t = 1.0$ s での速度が $v = 8.0$ m/s であり, 時刻 $t = 3.0$ s での速度が $v = -2.0$ m/s であった. この物体の平均の加速度の向きと大きさを求めよ.

2.3 相対速度
共に東向きに走っている自動車 A, B がある. A の速さは 10 m/s, B の速さは 15 m/s である. A から見た B の速度, および B から見た A の速度を求めよ. また, 自動車 C が西向きに速さ 15 m/s で走るとき, A から見た C の速度を求めよ.

2.4 相対速度
ある競艇場で 4 艇のボート A〜D がレースを行っている. 各ボートは等速直線運動を行い, 東向きに進んでいる. 各ボート A〜D のスピードメータの表示は静止した川の水に対してそれぞれ速さ $v_A = 9.0$ m/s, $v_B = 9.5$ m/s, $v_C = 10.5$ m/s, $v_D = 8.5$ m/s を表示している.

(1) 川の水が静止しているとき, (a) 観客から見たボート A の速度, (b) ボート A から見たボート B の速度, (c) ボート B から見たボート D の速度, (d) ボート C から見た観客の速度を求めよ.

(2) 川が 2.0 m/s で西向きに流れているとき, (a) 観客から見たボート A の速度, (b) ボート A から見たボート B の速度, (c) ボート B から見た川の流れの速度, (d) ボート D から見た観客の速度, (e) 川の流れと逆向きに速度 1.0 m/s で歩いている人から見たボート D の速度を求めよ.

2.5 等加速度運動

ジャンボ機は離陸するときに加速度 2.0 m/s^2 で滑走し，無風のとき 80 m/s の速さになると，飛行機翼に生じる揚力により，滑走路から離れる．

(1) 滑走を始めて何秒後に滑走路から離れるか．

(2) 滑走路から離れるまでに滑走する距離は何 m か．

(3) 飛行機が風速 10 m/s の風上に向って滑走するとき，同じ 2.0 m/s^2 で加速したとして何秒後に滑走路から離れるか．

2.6 速度と加速度

ある時刻 t の物体の位置 $x(t)$ が次の式で与えられるとき，物体の速度と加速度をそれぞれ求めよ．ただし，A, ω, c は定数である．

(1) $x(t) = -2t^2 + 4t + 3$ (2) $x(t) = A\sin\omega t$

(3) $x(t) = c(1 - e^{-t})$ (4) $x(t) = e^{-t}\sin t$

2.7 等加速度運動

10 m/s で走っている自転車がブレーキをかけた後，等加速度直線運動して静止した．この間の加速度の大きさを 2.0 m/s^2 として次の問いに答えよ．

(1) ブレーキをかけてから静止するまでに何秒かかるか．

(2) 止まるまでに移動した距離は何 m か．

(3) ブレーキのききを弱くすると，100 m 進んで静止した．このときの加速度の大きさを求めよ．

2.8 等加速度運動

物体は原点 O から x 軸上で初速度 $v_0 = 3.0 \text{ m/s}$ の等加速度運動を始め，$t = 6.0 \text{ s}$ に $x = 4.5 \text{ m}$ の位置を x 軸の負の向きに通過した．

(1) 加速度を求めよ．

(2) $+x$ 方向に原点からの変位の大きさが最大になる時刻はいつか．そのときの速度と位置を求めよ．

(3) 再び x 軸の原点を通過する瞬間の時刻と速度を求めよ．

2.9 v-t グラフと加速度運動

時刻 $t=0$ s に x 軸上の原点 O から運動を始めた物体の速度が図 2.19 のように変化した．

(1) $0 \leq t \leq 40$ s における物体の加速度の変化を表すグラフを描け．

(2) $t=0$ s から $t=20$ s までに物体が動いた距離を求めよ．

(3) $0 \leq t \leq 10$ s, $10 \leq t \leq 20$ s, $20 \leq t \leq 40$ s における物体の位置 x の変化を時刻 t の関数として表せ．

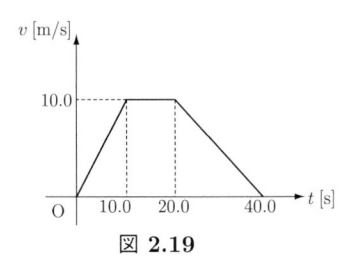

図 2.19

2.10 変位ベクトル

(1) 物体が点 A(1,2) から点 B(4,6) に移動した．変位ベクトルを求めよ．

(2) 点 B から $\Delta \boldsymbol{r}_{B \to C} = (5, -8)$ だけ変位して，点 C に達した．点 C の座標を求めよ．

(3) 点 A から点 C への変位ベクトルを求めよ．

(4) 点 A→B→C の経路の長さを求めよ．

2.11 2 次元の相対速度

川幅が w [m] で流れの速さが v [m/s] の川がある．以下の問いに答えよ．

(1) 流れのないときに速さ V [m/s] の船が川の流れに対して直角に進むとき，対岸につくまでに川下に流される距離を求めよ．

(2) 川下に流されないように船が直角に進むためには，図 2.20 のように川上に向かって θ の方向に船首を向けて進む必要がある．このときの $\sin\theta$ の値を求めよ．

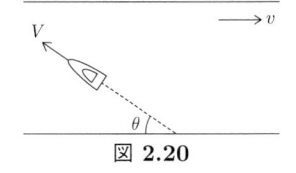

図 2.20

2.12 2 次元の運動（等速円運動）

xy 平面上で，物体が時刻 $t=0$ に位置 $(r,0)$ から原点 O を中心として半径 r の円周上を反時計回りに運動する物体の位置ベクトルは $\boldsymbol{r}(t) = (r\cos\omega t, r\sin\omega t)$ で与えられる（ここで ω は角速度とよばれる）．以下の問いに答えよ．ただし ω は一定とする．

(1) この物体の速度と速さを求めよ．

(2) 速度は常に位置ベクトルと直交していることを示せ．

(3) 加速度とその大きさを求めよ．

(4) 加速度は常に位置ベクトルの反対向きであることを示せ．

演習問題 B

2.13 等加速度運動
一定の加速度で直線軌道を走る列車が，ある地点を通過したときの列車の前端の速さは v_1, 後端の速さは v_2 であった．列車の中央の点が通過したときの速さを求めよ．

2.14 等速度運動と等加速度運動
列車が一直線の水平な線路を走行するとする．初め駅で止まっていた列車は駅を出て一定の加速度 a で速度を増し，速度 v に達した後，ある時間は等速度運動を行った．その後，一定の加速度 $-a/2$ で減速し，次の駅に到着した．列車が出発から停止まで要した全時間を T とする．

(1) 列車が等速度運動を行っていた時間 t と，その間の走行距離 l を a, v, T を用いて表せ．

(2) 出発から停止までの全走行距離 L を a, v, T を用いて表せ．

(3) 等速度運動を行っていた時間 t が，全所要時間 T の半分であったとき，速度 v を a, T を用いて表せ．

第3章　力と運動

ニュートン (1643–1727, 英)

　前章では，変位，速度，加速度の概念とそれらを用いた運動の表し方について学んだ．静止している物体を運動させるときには，その物体に対して外部から何らかの作用を加える必要がある．その役割を果たすのが力である．物体に力が作用すると，物体には加速度が生じ，物体の運動の状態が変化する．ニュートンは力と運動の関係を示す3つの法則を提唱した．本章ではまず力の表し方とその性質について学んだ後に，ニュートンの運動の3法則を学習する．また，具体的にどのようにニュートンの運動方程式を立てるのかについて述べ，例題を通して理解を深める．

3.1　力の表し方とつり合い

■ 力の表し方

　転がってきたサッカーボールを蹴ると，ボールは向きや速さを変えて転がっていく．また，ボールを強く押すと変形する．これらはボールが外から力を受けるために起こる．このように，物体を変形させたり，運動の向きや速さなどの運動の状態を変える原因となるものが**力**である．後で述べるように運動状態の変化は加速度で表され，力と加速度は比例関係にある．

　力は大きさと向きをもつベクトルである．図 3.1 のように，力の向きを矢印の向きで，大きさを矢印の長さで表す．物体が力を受ける点を矢印の始点とし，その点を**力の作用点**という．また，作用点を通り力の向きに沿って引いた直線を**力の作用線**という．力を表すベクトルは F を用いることが多い．

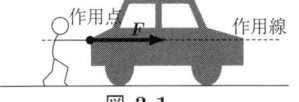

図 3.1

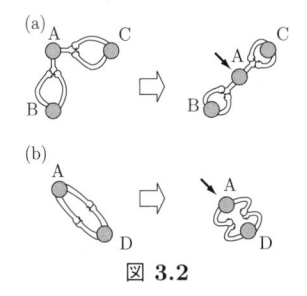

　物体が力を受けているときには，力を加えている他の物体が必ず存在する．着目する物体が他の物体に接触して力を受ける場合，このような力を**接触力**（近接力）という．指が壁から受ける力，物体が床から受ける力やばねから受ける力などは接触力である．一方，他の物体と離れていても受ける力も存在し，**遠隔力**とよぶ．ボールが地球から受ける重力や帯電した物体間に働く電気力，磁石が及ぼす磁力は遠隔力と見なせる．3.3節で様々な力の例を紹介する．

■ 力の合成と分解

　例えば図 3.2(a) のように A 君の両手を B 君と C 君がもって同時に引っ

図 3.2

張ったとする．すると，A 君の体は B 君と C 君の間に引っ張られるように移動するだろう．仮に図 3.2(b) のように D 君がいて，A 君をひっぱったとしても A 君は同じ動きをする．このように，1 つの物体にいくつかの力が働くとき，それらの力と同じ働きをする 1 つの力を考えることができる．この力を**合力**といい，合力を求めることを**力の合成**という．2 力 $\boldsymbol{F}_1$, $\boldsymbol{F}_2$ の合力 $\boldsymbol{F}$ は，

力の合成

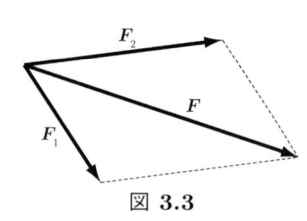

$$\boldsymbol{F} = \boldsymbol{F}_1 + \boldsymbol{F}_2$$

のようにベクトルの和として表され，図 3.3 のように平行四辺形の法則を用いて求められる．また，3 つ以上の力が働くときの合力は，平行四辺形の法則を順次合成して求めることができる．一般に $\boldsymbol{F}_1$, $\boldsymbol{F}_2$, …, $\boldsymbol{F}_n$ の合力 $\boldsymbol{F}$ は，ベクトルの和として次のように表される．

図 3.3

$$\boldsymbol{F} = \boldsymbol{F}_1 + \boldsymbol{F}_2 + \cdots + \boldsymbol{F}_n$$

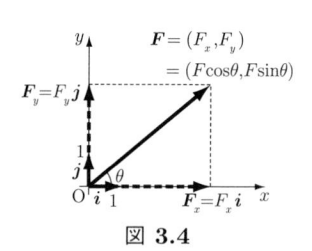

力の合成とは反対に，1 つの力はそれを含む平面内の任意の 2 方向に分けることができる．これを**力の分解**といい，分けられたそれぞれの力を**分力**という．力の分解は，速度の分解と同じく，ベクトルの性質に従う．例えば，図 3.4 のように力 $\boldsymbol{F}$ を互いに垂直な 2 つの方向に分解するとき，座標軸 x 軸, y 軸をとり，$\boldsymbol{F}$ の x 軸, y 軸方向の分力をそれぞれ $\boldsymbol{F}_x$, $\boldsymbol{F}_y$ とする．このとき，F_x, F_y をそれぞれ $\boldsymbol{F}$ の x 成分，y 成分といい，

図 3.4

$$\boldsymbol{F} = (F_x, F_y) = F_x \boldsymbol{i} + F_y \boldsymbol{j}$$

である．力 $\boldsymbol{F}$ が $+x$ 方向となす角を θ とすれば，

$$(F_x, F_y) = (F \cos\theta, F \sin\theta)$$

とも書ける．θ の値により，F_x, F_y は正負の数値をとる．

2 力 $\boldsymbol{F}_1$, $\boldsymbol{F}_2$ とその合力 $\boldsymbol{F}$ を成分表示で $\boldsymbol{F}_1 = (F_{1x}, F_{1y})$, $\boldsymbol{F}_2 = (F_{2x}, F_{2y})$, $\boldsymbol{F} = (F_x, F_y)$ と表すとき，合力 $\boldsymbol{F}$ の成分 F_x, F_y は，それぞれの 2 力の各成分の和となる．

$$F_x = F_{1x} + F_{2x}, \quad F_y = F_{1y} + F_{2y},$$

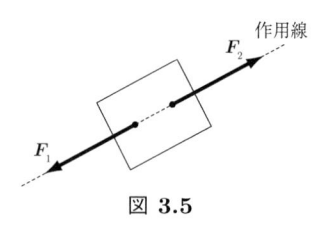

■ **力のつり合い**

1 つの物体にいくつかの力が働いているのに運動の状態が変化しないとき，これらの力は**つり合っている**という．

物体に $\boldsymbol{F}_1$ と $\boldsymbol{F}_2$ の 2 力が働いてつり合っているとき，この 2 力は，図 3.5 のように同じ作用線上にあって，大きさが等しく向きが逆向きとなっている．ベクトルで表すと，

図 3.5

2 力のつり合いの条件

$$\boldsymbol{F}_1 = -\boldsymbol{F}_2, \quad \text{または} \quad \boldsymbol{F}_1 + \boldsymbol{F}_2 = \boldsymbol{0}$$

となり，2 力のつり合いの条件は，それらの合力が $\boldsymbol{0}$ になることである．

物体に F_1, F_2, F_3 の3力が働いてつり合っているとき，任意の2つの力の合力が，残り1つの力と2力のつり合いの条件を満たしている．図3.6 の例では，$F_2 + F_3 = F_4$ であり，また，$F_1 + F_4 = 0$ であるから，

$$F_1 + F_2 + F_3 = 0$$

となる．一般に，物体に n 個の力が働いてつり合っているとき，それらの合力の和は 0 である．

$$F_1 + F_2 + \cdots + F_n = 0$$

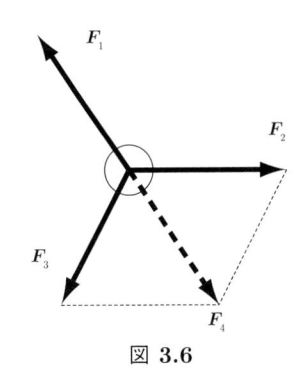

図 3.6

| 例題 3.1 | 力の合成と分解 |

(1) 図3.7の力を x, y 方向に分解し，その成分を求めよ．1目盛の大きさを1とする．
(2) 図3.8のように，質量 m [kg] のおもりを2本の糸でつるした．糸1と糸2の張力の大きさをそれぞれ求めよ．ただし，重力加速度の大きさを g [m/s^2] とする．

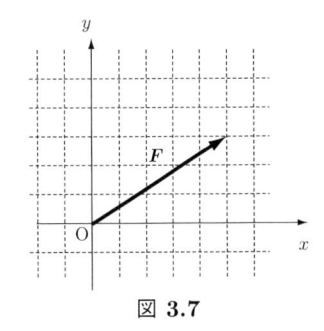

図 3.7

図 3.8

[解答]
(1) 図3.7より $F_x = 5$, $F_y = 3$
(2) 糸1と糸2の張力をそれぞれ T_1, T_2 とする．T_1 と T_2 を水平成分と鉛直成分に分けると，それぞれの成分に対する力のつり合いの式は

$$水平成分 : T_1 \cos 30° = T_2 \cos 45°$$

$$鉛直成分 : T_1 \sin 30° + T_2 \sin 45° = mg$$

これを解いて $T_1 = \dfrac{2mg}{1+\sqrt{3}} \approx 0.73 mg$, $T_2 = \sqrt{\dfrac{3}{2}} \dfrac{2mg}{1+\sqrt{3}} \approx 0.90 mg$

3.2　いろいろな力

■ 物体に直接触れないで働く力（遠隔力）

(1) 重力

地球上のすべての物体には，つねに鉛直下向きに重力が働いている．物体が地球上の同じ場所で受ける重力 W は物体の質量 m に比例し，重力によってもたらされる加速度を g とすると

$$W = mg$$

重力

と表される．この g は地上付近でほぼ 9.8 m/s^2 の値をもち，**重力加速度**とよばれる．重力の大きさ $W = mg$ を物体の**重さ**といい[1]，質量が1 kg の物

---
[1] 日常では「重さ200 g の肉」というように，重さは質量の意味で使われているが，厳密には別のものなので注意が必要である．

体の重さは $W = 1 \text{ kg} \times 9.8 \text{ m/s}^2 = 9.8$ N である．質量 1 kg に働く重力の大きさ，すなわち 9.8 N を 1 キログラム重（記号 kgw）とよぶこともあり（1 kgw = 9.8 N），力の実用単位として用いることがある．

重力は物体の各部分に働いているが，力のつり合いや物体の運動を考えるときには，これらの各部分に働いている重力が，すべての物体の**重心（質量中心ともいう）**とよばれる点に集中していると考える．例えば棒の重心は図 3.9(a) のように指先でバランスする所の点である．図 3.9(b) のように，重力のベクトルを表すときは作用点を重心にとる．

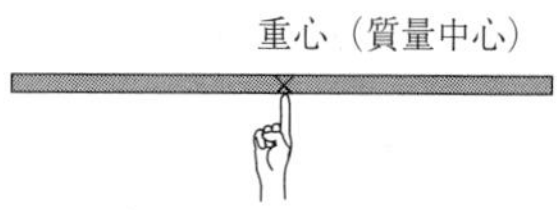

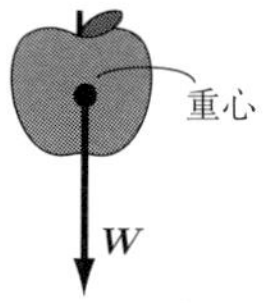

図 3.9

(2) 万有引力

物体が地表付近で受ける重力の原因は，その物体と地球との間の**万有引力**である．万有引力は質量をもつ 2 物体の間に必ず働く引力のことである．ニュートンが示したところによると，質量 m_1 と m_2 の 2 個の質点が距離 r だけ離れて存在しているとき，それらの間には，質量の積に比例し，距離の 2 乗に反比例する大きさ

$$F = G \frac{m_1 m_2}{r^2}$$

の引力が働く．G は**万有引力定数**とよばれ，$G = 6.672 \times 10^{-11}$ N·m^2/kg^2 である．

万有引力

万有引力定数の値は非常に小さいので，例えば人と人との間に働く万有引力を我々はほとんど感じない．しかし地球の質量は非常に大きいため，あらゆる物体を地表に引きつけるほどの万有引力を生み出す．地球の半径を R，質量を M とすると，地球の表面付近にある質量 m の物体に作用する地球の重力 mg は，物体と地球との間に働く万有引力によるものなので，

$$mg = G \frac{mM}{R^2}$$

と表される．この式より地球の質量は

$$M = \frac{gR^2}{G}$$

となり，地球の半径は $R \approx 6.4 \times 10^6$ m，重力加速度は $g = 9.8$ m/s^2 を用いると，地球の質量は $M \approx 6.0 \times 10^{24}$ kg であると見積もることができる．

(3) 電気力と磁気力

電荷は電気を持った粒子であり，正と負がある．電荷の間には**クーロン力**とよばれる力が働き，同符号の電荷の間には斥力，異符号の電荷の間には引力が働く．クーロン力も直接触れていなくても働く遠隔力の一つである．

同じように磁石同士を近づけると，磁石が接触していなくても力が働き，N と N，S と S のように同じ極同士ならば斥力が働き，N と S のように違う極同士ならば引力が働く．このような**磁気力**も遠隔力である．

これらの力の性質については『ファンダメンタル物理学 — 電磁気・熱・波

動 −』で詳しく述べる．

■ 物体に直接触れて働く力（接触力）

物体に直接触れて働く力には糸の張力，ばねの弾性力，抗力（垂直抗力，摩擦力）などがある．これらは力学の問題に登場する代表的な力である[2]．

(1) ばねの弾性力

図 3.10 のように，おもりにばねを取付け，天井からつるす．おもりには，鉛直下向きに重力が働き，鉛直上向きにばねが元の自然の長さ（自然長）に戻ろうとする力が働いて 2 力はつり合っている．このように，力が加わって変形したバネが，もとの状態に戻ろうとしてつながれた物体におよぼす力を**ばねの弾性力**という．加えた力の大きさ F [N] とばねの自然長からの伸び（または縮み）x [m] との間に

$$F = kx$$

の関係がある．これを**フックの法則**という．比例定数 k を**ばね定数**といい，単位はニュートン毎メートル（記号 N/m）である．ばね定数が大きいばねほど，同じ長さだけ伸ばすのにより大きな力が必要なので，変形しにくいばねである．弾性力の向きはばねが自然の長さに戻ろうとする向きである．

(2) 糸の張力

図 3.11 のように，おもりに軽い糸をつけ，天井からつり下げる．おもりには，鉛直下向きに重力が，鉛直上向きに糸からの力が働いて 2 力はつり合っている．糸が物体を引く力を**糸の張力**という．文字では T で表すことが多い．

通常，糸などは問題となる物体に比べて十分軽いと考えられるので，糸の質量は考えないことが多い．その場合は糸の両端に働く張力の大きさは必ず等しい．これはばねの弾性力にも同じことが言える．

(3) 垂直抗力

図 3.12 のように水平な面上に置かれた木片が静止しているのは，重力の他に，重力とつり合う力を面から鉛直上向きに受けているからである．一般に，面が物体に及ぼす力を**抗力**といい，特に接触面に垂直に及ぼす力を**垂直抗力**という．垂直抗力は文字 N で表すことが多い．

(4) 摩擦力

図 3.13 の木片を水平方向に力 F で引いても，力が小さなうちは動かない．このとき，木片には力 F と重力 W の合力とつり合う力が働いており，これが抗力である．抗力は面に対して水平方向と垂直方向に分解できる．この

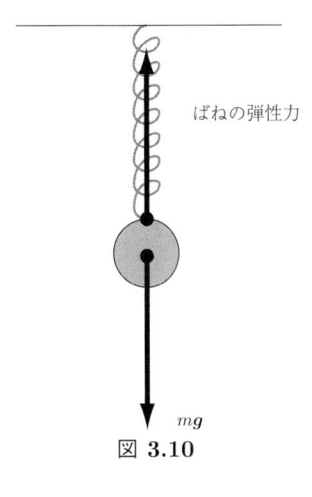

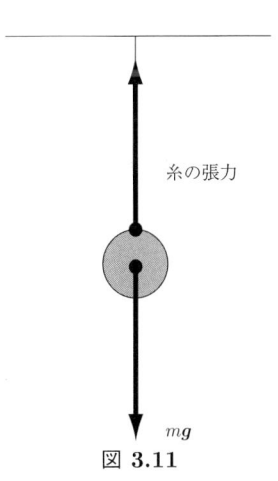

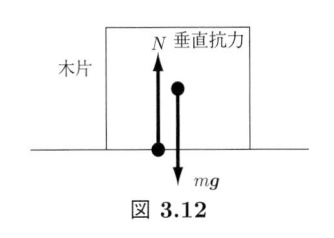

---
[2] しかし微視的に（原子レベルの小さな世界で）見ると，ここで登場するすべての力の起源は万有引力かクーロン力である．

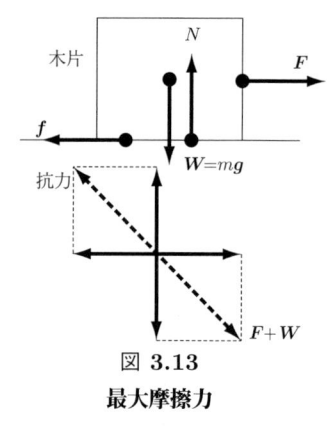

垂直成分は垂直抗力 N であり，水平成分が**摩擦力 f** である．摩擦力は物体の運動を妨げる方向に働く．今，木片は静止しており，静止状態に働く摩擦力を**静止摩擦力**という．

F を少し大きくすると，静止摩擦力 f も同時に大きくなり，$f=F$ のつり合いの状態は保たれたままなので，やはり木片は動かない．しかしさらに F を大きくしていくと，F がある値 f_0 を超えた瞬間につり合いの状態が破れ，木片は滑り出す．この f_0 を**最大摩擦力**という．静止摩擦力 f には上限があり，f_0 よりも大きな値をとることはできない．この最大摩擦力 f_0 は一般に垂直抗力 N に比例し，

$$f_0 = \mu N$$

と書ける．μ を**静止摩擦係数**という．μ は物体と接触面の材質や状態によって決まる定数で，接触面積の大小にはほとんど関係しない．木片を上から押しつけたり，糸で上に引いたりすれば，垂直抗力 N が変化するので，最大摩擦力 f_0 も変化する．

最大摩擦力よりも大きな力 F が加わって，物体が面上を滑って動きだした後も，物体には運動の向きとは逆向きに摩擦力が働く．この力を**動摩擦力**という．動摩擦力 f' も，物体が面から受ける垂直抗力 N に比例し，

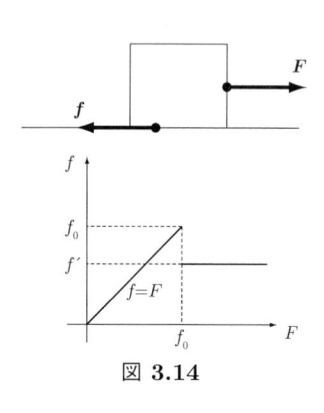

$$f' = \mu' N$$

と書ける．比例定数 μ' を**動摩擦係数**という．μ' も物体と接触面の材質や状態によって決まる定数で，接触面積や滑る速度が変わってもほとんど変化しない．同じ接触面では動摩擦係数 μ' の方が静止摩擦係数 μ よりも小さいことが知られている．木片に加わった力 F に対して摩擦力 f がどのように変化するかを図 3.14 に示した．

(5) 抵抗力

羽と鉄球を手に持って放すと，鉄球はすぐに地面に落ちるが，羽はふわふわとゆっくり落下する．しかしそれを真空中で行うと，羽と鉄球は全く同じように落下する．これは羽はその構造上，空気による**抵抗力**を受けやすいからである．また，水中で鉄球を落下させると，空気中よりもゆっくりと落下する．これは鉄球が水中で，より大きな抵抗力を受けるからである．

水の中で円柱を回転させると，まわりの水もいっしょに回転する．このように液体や気体には，その隣の部分の運動に引きずられる性質がある．これを**粘性**という．物体が水などの液体中をゆっくりと動くときに受ける抵抗力は，液体が粘性により物体に引きずられるために生じる．

例題 3.2　力のつり合い

図 3.15 のように質量 m [kg] のおもりを糸で吊るし，おもりにばね定数 k [N/m] の軽いばねをつけ，水平右向きの力 F [N] を加えたところ，糸と鉛直線とのなす角が θ になって静止した．糸の張力の大きさを T [N]，重力加速度の大きさを g [m/s^2] とする．

(1) 糸の張力 T および力 F を m, g, θ を用いて表せ．

(2) ばねの自然長からの伸び x [m] を m, g, θ, k を用いて表せ．

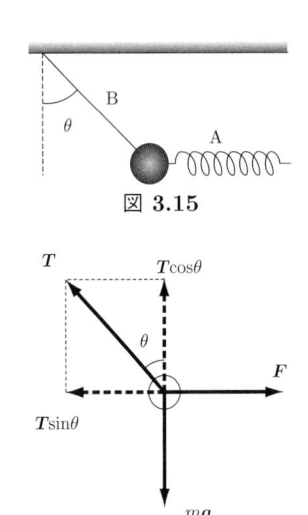

図 3.15

図 3.16

[解答]

(1) おもりに働く力は重力，糸の張力，ばねの弾性力である．図 3.16 のように力を水平方向と鉛直方向に分解すると

$$\text{水平成分}: F = T\sin\theta$$

$$\text{鉛直成分}: mg = T\cos\theta$$

よって，$T = \dfrac{mg}{\cos\theta}$，$F = \dfrac{mg}{\cos\theta}\sin\theta = mg\tan\theta$

(2) フックの法則より，$x = \dfrac{F}{k} = \dfrac{mg}{k}\tan\theta$

例題 3.3　摩擦力

水平であらい面の上に質量 10 kg の物体が静止している．そこへ，水平右向きに F [N] の力を加えた．次の各問いに答えよ．ただし，この物体と面との間の静止摩擦係数を 0.5，動摩擦係数を 0.4，重力加速度の大きさを 9.8 m/s^2 とする．

(1) $F = 40$ N のとき，この物体に働く摩擦力の大きさはいくらか．

(2) この物体が右向きに静かに動きはじめるためには何 N より大きい力を加える必要があるか．

(3) 物体に加える力と物体に働く摩擦力の関係を，横軸に加える力 F，縦軸に物体に働く摩擦力 f をとり，グラフに示せ．

[解答]

(1) 垂直抗力は $N = mg = 10 \times 9.8 = 98$ N であるから，最大静止摩擦力は $f_0 = 0.5 \times 98 = 49$ N である．$F = 40$ N は最大静止摩擦力よりも小さいから，摩擦力の大きさは外力とつり合っているので，$f = 40$ N．

(2) 最大静止摩擦力を超えると物体は動き出すので，49 N．

(3) 静止している物体に加える力が 49 N 以下のとき，物体に働く摩擦力は静止摩擦力であり，外力 F とつり合う．一方，動きだしたあとの物体に働く

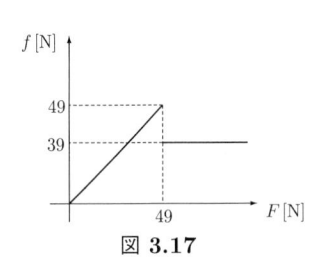

図 3.17

摩擦力は動摩擦力となり，その大きさは $\mu'N = 0.40 \times 98 \approx 39$ N である．グラフで示すと図 3.17 のようになる．

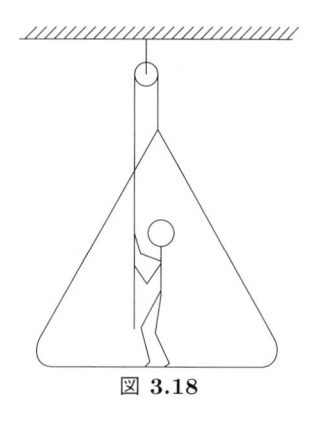

例題 3.4 自分を持ち上げる力

図 3.18 のように自分の乗ったゴンドラを自分で引き上げた．静止しているとき，手でひもを引く力およびゴンドラの床から受ける垂直抗力を求めよ．ただし，自分の質量を M，ゴンドラの質量を $m(< M)$，ひもの質量は無視し，重力加速度を g とする．

図 3.18

[解答]
糸の張力を T，床の垂直抗力を N とし，鉛直上向きを正とする．人とゴンドラに対してつり合いの式をたてると

$$人 : T - Mg + N = 0$$
$$ゴンドラ : T - mg - N = 0$$

よって，手でひもを引く力 T およびゴンドラの床から受ける垂直抗力 N は，

$$T = \frac{M+m}{2}g, \quad N = \frac{M-m}{2}g$$

3.3 運動の法則

ニュートンは，1687 年に出版した著書『プリンキピア』の中で，天体における惑星などの運動，および地上における様々な物体の運動は，3 つの法則によって統一的に記述できることを示した．

■ 運動の第 1 法則（慣性の法則）

机の上にテーブルクロスを置き，コップをのせたテーブルクロスをすばやく引くと，コップは元の机の位置に静止する．また，水平な氷上でカーリングのストーンを滑らせると，ほとんど等速度で滑り続ける．この例からわかるように，

> どのような物体も力を全く受けていないか，受けていても合力が **0** の場合，静止している物体はいつまでも静止をし続け，運動している物体は等速度運動をし続ける．

これを運動の第 1 法則または**慣性の法則**という．このことは，物体にはその速度を保とうとする性質（**慣性**）があることを示している．

■ 運動の第 2 法則（運動の法則）

慣性の法則からわかるように，物体は力が作用していなければ，そのときの運動を保とうとする性質がある．逆に言うと，物体に力が作用すればその

運動の状態は変わる．物体の運動状態が変わるということはその速度が変わることであり，加速度が生じることを意味する．

例えばボールを転がすとき，弱い力を加えればのろのろと転がるのに対し，強い力を加えれば勢いよく転がる．すなわち，加える力を強くすればするほど，より速い速度に加速することがわかる．これは物体の加速度は加えられる力に比例していることを意味する．

一方，静止している物体に力を働かせたとき，動きやすい物体と動きにくい物体がある．また，動いている物体を止めようとしたときも，止めやすい物体と止めにくい物体がある．野球のボールは動かしやすく止めやすいが，砲丸投げの砲丸は動かしにくく，止めにくい．この違いを表すのが物体の**質量**である．単位はキログラム（記号 kg）を用いる．野球のボールは約 0.15 kg であり，砲丸は約 5.5 kg である．物体の加速度はこの質量に反比例しており，質量が大きい物体ほど動かしにくく，止めにくい．すなわち，加速されにくいということになる．

これらの関係をまとめたものが，次の運動の第 2 法則または**運動の法則**である．

> 物体にいくつかの力が働くとき，物体にはそれらの合力 $\boldsymbol{F}$ の向きに加速度 $\boldsymbol{a}$ が生じる．その加速度の大きさは合力の大きさに比例し，物体の質量に反比例する．

この関係は，次式で表される．

$$\boldsymbol{a} = k\frac{\boldsymbol{F}}{m}$$

ここで k は比例定数であり，その値は加速度，力，質量の単位のとり方で決まるから，k が 1 となるように力の単位を決めることができる．質量 1 kg の物体に 1 m/s^2 の加速度を生じさせる力の大きさを 1 ニュートン（記号 N）と決める．すなわち 1 N = 1 kg·m/s^2 である．このとき，運動の法則は

$$m\boldsymbol{a} = \boldsymbol{F} \qquad \left(\boldsymbol{a} = \frac{\mathrm{d}^2 \boldsymbol{r}}{\mathrm{d}t^2}\right)$$

ニュートンの運動方程式

と表される．この式を**ニュートンの運動方程式**という．力 $\boldsymbol{F}$ は加速度ベクトル $\boldsymbol{a}$ のスカラー倍で与えられ，それらの向きは同じである．

この運動方程式は地上のボールの運動から宇宙空間の天体の運動までも記述する力学の基礎方程式である．具体的な運動方程式の立て方については 3.4 節で説明する．

■ 運動の第 3 法則（作用・反作用の法則）

手で壁を押すと，その反動で自分が壁から突き放される．床を蹴ると反動で身体が浮き，ジャンプできる．このように，

> 1 つの物体 A が他の物体 B に力 $\boldsymbol{F}_{\mathrm{AB}}$ を及ぼすとき，物体 B は物

体 A に，同一作用線上にある力 F_{BA} を及ぼす．2 つの力は大きさが等しく，向きが逆向きである．

これを運動の第 3 法則または**作用・反作用の法則**という．ベクトルを用いて

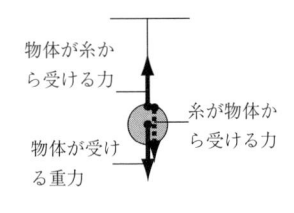

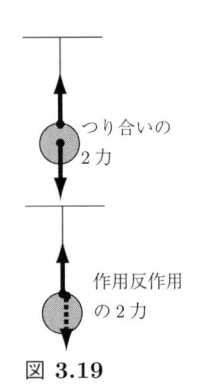

$$F_{AB} = -F_{BA}$$

と表される．F_{AB} を作用とよべば，F_{BA} を反作用とよぶ．力は常に 2 つの物体間で互いに及ぼし合うように働き，必ず対で現れる．このように 2 つまたはそれ以上の物体間に力が及ぼし合う力または作用を**相互作用**という．

つり合う 2 力と，作用・反作用の 2 力は，いずれも「同一作用線上にあり，大きさが等しく向きが逆である」という点では似ているが，これらは全く違う．この違いを図 3.19 に示した．つり合う 2 力は，どちらも同じ物体に働く力で，作用点は同一物体内にあり，2 力の合力は $\mathbf{0}$ である．一方，作用・反作用の 2 力は，それぞれ別の物体に働く力で，作用点はそれぞれ別の物体内にあり，つり合うことはない．

作用・反作用の法則

物体が糸から受ける力
糸が物体から受ける力
物体が受ける重力

つり合いの 2 力

作用反作用の 2 力

図 **3.19**

3.4 運動方程式の利用

運動方程式を立てることで物体の運動を解析することができる．つまり質量 m の物体が合力 F を受けたときに生じる加速度が a であれば，運動方程式 $ma = F$ を立てて，この加速度を求めることができる．そして加速度がわかると，ある時刻での速度や位置をもとにして物体の任意の時刻での速度や位置を知ることができる．

■ **質点**

まず，物体の運動の問題を扱うにおいて最も基本となる設定を考える．物体の運動は並進（質量中心の移動），回転（質量中心を通る軸のまわりの回転），変形（質量中心が移動しない伸び縮み，ねじれ）に分けられる．ここで，物体が非常に小さく，点と見なせるような状況を考えよう．この場合，物体の回転や変形は無視でき，並進運動のみが問題となる．このように理想化された物体は**質点**という．以下では主にこの質点の運動（**質点の力学**）を扱う．質点を考える利点は，物体自身の回転や内部の振動，変形などを考慮しなくてもよいことに加えて，物体の位置がはっきり決められることにある．

以下では大きさのある物体が問題設定として登場するが，その物体の並進運動に注目するにあたって，それらを質点と見なして話を進めることは，簡単な設定から物事を考えるという立場では妥当であると考えられる[3]．大きさのある物体も質量中心に質量が集中している「点」として扱い，力の合成

---

[3] 自然現象は多種多様な要素から構成されており，一般的に非常に複雑怪奇である．物理学では，できるだけ簡単な形や構造の物体を簡単な環境の中において，それに物理法則を適用し，その物体の運動を正確に記述する手法がよく使われる．同じ落下運動でも，ティッシュを丸めた物よりパチンコ玉の方が運動に影響する要素が簡単になり，その分だけ運動の記述が正確になることは想像できるだろう．

やつり合いもこの点を中心に考えることとする．第 8 章では，最も簡単な設定から一歩進んで，物体の大きさまで考慮し，その回転運動まで考えた力学を学習する．

■ 運動方程式の立て方

運動方程式を数学的にどのように解いて位置や速度を決めるかは第 4 章で説明をする．ここでは運動方程式の立て方に注目して話をすすめる．おおまかには，次のような手順で立てる．

1. どの物体について運動方程式を立てるかを決める．

2. 着目する物体について，働く力をすべて矢印で図示する．物体がいくつかある場合は，それぞれの物体について分けて考え，その物体が受ける力だけを書き込む．

3. 軸を定め，その正負の方向を決める．このとき，物体の運動の向きを正の向きとすることが多い．物体がいくつかの方向に力を受ける場合は運動方向とそれ以外の方向（多くの場合は設定した軸の垂直方向）の 2 つの方向に力を分解する．

4. 着目する物体 1 個 1 個について（2 つの方向がある場合はそれぞれの方向に対して）運動方程式（またはつり合いの式）を立てる．左辺は $m\boldsymbol{a}$，右辺は 3 で図示した力の合力を計算して書く．合力の向きと加速度の向きは一致することに注意せよ．

5. 4 の運動方程式を計算して解く．

これらは具体的に演習問題を解いて理解するのが早道であるので，例題，および演習問題を参考にしてほしい．

2 次元の運動の場合，加速度や力は $\boldsymbol{a} = (a_x, a_y)$，$\boldsymbol{F} = (F_x, F_y)$ のように成分表示できるので，運動方程式を

$$m\boldsymbol{a} = \boldsymbol{F} \to m(a_x, a_y) = (F_x, F_y)$$

と書き表し，成分どうしを比較すると，

$$ma_x = F_x,$$
$$ma_y = F_y$$

が得られる．このようにそれぞれの成分に分けて運動方程式を立てる．

例題 3.5 連結している物体の運動

なめらかな水平面上に，質量 m_1 [kg]，m_2 [kg] の物体が細くて軽い糸で結ばれて置かれている．右側の物体を F [N] で図 3.20 のように引く場合，これらの物体に生じる加速度の大きさ，および糸の張力の大きさを求めよ．

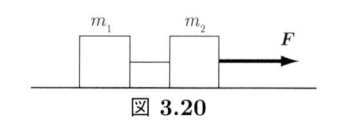

図 3.20

[解答]
糸の張力を T とし，外力 F が働く方向を正の方向とする．2つの物体それぞれに対して運動方程式を書き下すと

$$物体 1 : m_1 a = T$$

$$物体 2 : m_2 a = F - T$$

が成り立つ．これを連立させて解くことにより，$a = \dfrac{F}{m_1 + m_2}$，$T = \dfrac{m_1 F}{m_1 + m_2}$ が求まる．

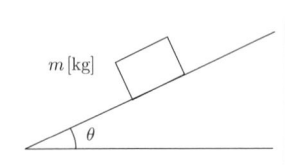

例題 3.6　斜面の運動

(1) 図 3.21(a) のように傾斜角 θ の滑らかな斜面上に質量 m [kg] の物体を置いた．このとき，物体の加速度と垂直抗力の大きさを求めよ．重力加速度の大きさを g とする．

(2) 図 3.21(b) のように傾斜角 θ で動摩擦係数 μ' の粗い斜面上に質量 m [kg] の物体を置いたところ，この物体は斜面を滑り出した．このときの物体の加速度と垂直抗力の大きさを求めよ．

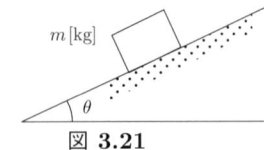

図 3.21

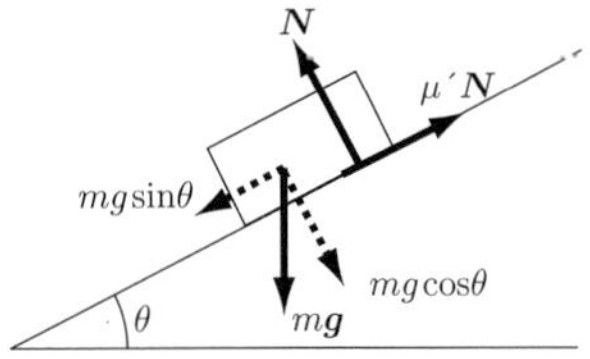

[解答]
(1) 物体に働く力は重力 mg と垂直抗力 N である．図 3.22 のように重力を進行方向とその垂直方向に分解すると，垂直方向に対してはつり合いの式より，垂直抗力が

$$N = mg \cos \theta$$

と求まる．また加速度を a とすると，進行方向に対する運動方程式

$$ma = mg \sin \theta$$

より，$a = g \sin \theta$ が求まる．

(2) 物体には重力 mg と垂直抗力 N に加え，動摩擦力 $\mu' N$ も働く．(1) と同じように物体の進行方向と垂直方向に力を分解して考えると，垂直方向は $N = mg \cos \theta$ と求まる．進行方向に対する運動方程式は

$$ma = mg \sin \theta - \mu' N = mg \sin \theta - \mu' mg \cos \theta$$

となり，$a = g(\sin \theta - \mu' \cos \theta)$ が求まる．

図 3.22

| 例題 3.7 | アトウッドの器械 |

滑らかな軽い滑車に軽くて伸びない糸をかけ，その両端に質量 m と M ($M > m$) の物体 A と B をとりつけた．重力加速度の大きさを g とする．

(1) 物体に生じる加速度の大きさ a はいくらか．

(2) 糸が物体を引く力の大きさ T はいくらか．

[解答]

(1) 図 3.23 のような力を受けて，物体 A は鉛直上向きに大きさ a の加速度で運動し，同時に物体 B は鉛直下向きに大きさ a の加速度で運動する．物体 A, B を糸が引く力の大きさは T である．物体 A については上向きを，物体 B については下向きを正の向きとして，物体 A, B についての運動方程式を立てると，

$$物体 A : ma = T - mg$$
$$物体 B : Ma = Mg - T$$

これを解いて，$a = \dfrac{M-m}{M+m}g$

(2) 糸の張力は $T = \dfrac{2Mm}{M+m}g$

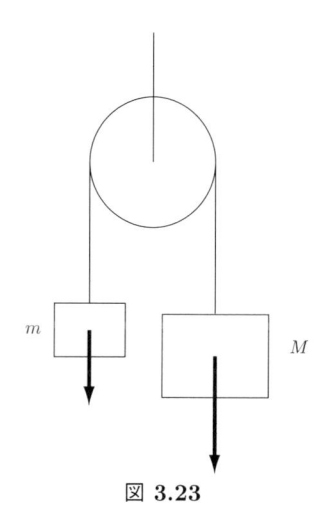

図 3.23

| 例題 3.8 | 板上の物体の運動 |

図 3.24 のように質量 m_1 [kg] の球を質量 m_2 [kg] の板上に置き，板に力 F [N] を加えて鉛直方向に押し上げる．この直後の，板と球がくっついて運動するときの加速度の大きさと板が球に及ぼす力の大きさを求めよ．

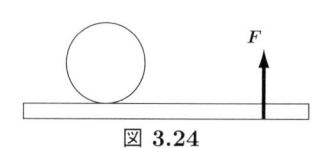

図 3.24

[解答]

球と板が運動の対象となっているので，それぞれの運動方程式を考える．それぞれの物体に働く力は図 3.25 のようになる．板から球に働く垂直抗力 N と球から板に働く垂直抗力 N' は，作用反作用の関係にあるので $N' = -N$ である．球も板も同じ加速度 a で加速するので，それぞれの物体の運動方程式は

$$球 : m_1 a = N - m_1 g$$
$$板 : m_2 a = F - N - m_2 g$$

となる．これを加速度 a について解くと，$a = \dfrac{F}{m_1 + m_2} - g$ が得られる．

板が球に及ぼす力は垂直抗力 N なので，$N = \dfrac{m_1 F}{m_1 + m_2}$ となる．

図 3.25

3.5 見かけの力

■ 慣性系と非慣性系

　等速度運動（等速直線運動）をしている電車の中で，物体を真上に投げ上げると，地上で投げ上げたときと全く同じように，再び手の位置に戻ってくる．物体の運動の様子は地上と全く変わらない．すなわち，等速度で運動している電車の中で観測される物体のつり合いや運動の説明には，これまで学んだことをそのまま使えばよいことがわかる．このようにニュートンの運動方程式で運動が説明できる観測者の立場を**慣性系**という．地表に対して等速度運動している観測者の立場は慣性系である．

　ところが，電車が加速や減速をしているときや，カーブを曲がっているときには，床にあった空き缶がひとりでに動き出したり，立っている人は倒れそうになったりする．このように，地表に対して加速度運動している電車の中で観測する立場では，物体のつり合いや運動をこれまで述べた方法では説明できない．このような観測者の立場を**非慣性系**という．慣性系（地表）に対して加速度運動している物体や，回転運動している物体に固定された座標系は非慣性系である

　まとめると，運動の第 1 法則（慣性の法則）が成り立つ座標系を慣性系，成り立たない座標系を非慣性系という．運動の第 2 法則（運動の法則）は慣性系でのみ成り立つ．慣性の法則は慣性系を定義するための法則である．地上での物体の運動を考えるとき，地面に固定された座標系は慣性系と見なせ[4]，この座標系に対し，等速直線運動しながら平行移動する他のどんな座標系も慣性系と見なせる．

■ 慣性力

　非慣性系で運動の法則を成り立たせようとすると，**見かけの力**を導入しなければならない．加速度 a で加速中の電車の中（非慣性系）で物体のつり合いや運動を理解するにはすべての物体に，その質量 m に比例する見かけの力 $-ma$ が働くとすればよい．このような見かけの力を**慣性力**という．つまり非慣性系では，これまで考えてきた様々な力の他に，慣性力も働くと考えると，これまでと同じように物体のつり合いや運動を考えることができる．

　図 3.26 のように 1 つの慣性系（座標系 K とする）の原点を O，それに対して加速度 $a_0(\neq 0)$ で運動している非慣性系（座標系 K' とする）の原点を O' とし，O に対する O' の位置ベクトルを r_0 とする．加速度は $a_0 = \dfrac{d^2 r_0}{dt^2}$ を満たす．また，物体の座標系 K における位置ベクトルを r，K' における位置ベクトルを r' とすれば，

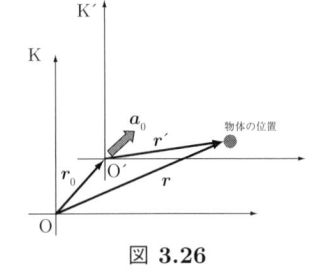

$$r = r_0 + r'$$

図 3.26

---

[4] 地球は自転しており，地面に固定された座標系は厳密な意味では慣性系でない．

である．質量 m の物体に力 $\boldsymbol{F}$ が働いているとすると，座標系 K に対する運動方程式は

$$m\frac{\mathrm{d}^2\boldsymbol{r}}{\mathrm{d}t^2} = \boldsymbol{F}$$

である．他方，

$$\frac{\mathrm{d}^2\boldsymbol{r}}{\mathrm{d}t^2} = \frac{\mathrm{d}^2\boldsymbol{r}_0}{\mathrm{d}t^2} + \frac{\mathrm{d}^2\boldsymbol{r}'}{\mathrm{d}t^2} = \boldsymbol{a}_0 + \frac{\mathrm{d}^2\boldsymbol{r}'}{\mathrm{d}t^2}$$

であるから，座標系 K′ における運動方程式として

$$m\frac{\mathrm{d}^2\boldsymbol{r}'}{\mathrm{d}t^2} = \boldsymbol{F} - m\boldsymbol{a}_0$$

が得られる．これにより，物体に働く合力 $\boldsymbol{F}$ に慣性力 $-m\boldsymbol{a}_0$ も含めればニュートンの運動方程式が成り立つとも言える．等速度（$\boldsymbol{a}_0 = \boldsymbol{0}$）運動する観測者から見たときには慣性力は現れない．また，慣性力においては作用に対する反作用は存在しない．

参考：単位

　自然現象の観測や実験で得た結果は，速度，加速度，質量，力などの物理量を用いて理解し考察する．物理量の間の関係を数式で表したものが物理法則である．物理量を測定するためにはそれぞれの量の単位を決める必要がある．単位を作るもとになる単位を**基本単位**，これ以外の物理量の単位は，定義や物理法則を用いて組み合わせてできるので，**組立単位**といい，これらをひっくるめて**単位系**という．物理学で広く用いられる単位系は**国際単位系**（略称 SI：Le Système International d'Unité [5]）である．物理量はローマ字やギリシャ文字の記号で代表させ，記号は「数値」×「単位」を表す．例えば，重力加速度の大きさは $g = 9.8 \text{ m/s}^2$，角速度は $\omega = 3.0$ rad/s である[6]．

　SI では，質量（キログラム：記号 kg），長さ（メートル：記号 m），時間（秒：記号 s），温度（ケルビン：記号 K），電流（アンペア：記号 A），物質量（モル：記号 mol），光度（カンデラ：記号 cd）の 7 種類の単位を基本単位として定めている．

　これら以外の物理量の単位は組立単位で表す．例えば，速さはメートル毎秒（記号 m/s）という組立単位で表す．力学に現れる物理量は質量，長さ，時間の 3 つの単位 kg, m, s ですべて表される．特定の組立単位には固有の名称が与えられており，例えば，力の単位ニュートン（記号：N）は kg·m/s^2 という組立単位に与えられた固有の名称である．本書で用いる固有の名称をもつ SI 組立単位を表に示す．

---

[5] 略称 SI はフランス語からきているが、これはメートル法がフランスの発案によるという歴史的経緯による．
[6] rad は「弧と半径の長さの比」として決まる無次元量であり、その組立単位は 1 と同じなので，単位 rad を省略して書かれる場合が多い．rad/s は角速度であることを明示するために用いる．

物理量	単位	単位記号	SI 基本単位による表し方
力	ニュートン	N	m·kg·s^{-2}
エネルギー，仕事	ジュール	J	m^2·kg·s^{-2}
仕事率	ワット	W	m^2·kg·s^{-3}
振動数	ヘルツ	Hz	s^{-1}

名称	記号	大きさ
ヨタ yotta	Y	10^{24}
ゼタ zetta	Z	10^{21}
エクサ exa	E	10^{18}
ペタ peta	P	10^{15}
テラ tera	T	10^{12}
ギガ giga	G	10^{9}
メガ mega	M	10^{6}
キロ kilo	k	10^{3}
ヘクト hecto	h	10^{2}
デカ deca	da	10
デシ deci	d	10^{-1}
センチ centi	c	10^{-2}
ミリ milli	m	10^{-3}
マイクロ micro	μ	10^{-6}
ナノ nano	n	10^{-9}
ピコ pico	p	10^{-12}
フェムト femto	f	10^{-15}
アト atto	a	10^{-18}
ゼプト zepto	z	10^{-21}
ヨクト yocto	y	10^{-24}

取り扱っている現象の物理量の数値が，基本単位や組立単位に比べて非常に大きい場合や非常に小さい場合がある．このとき，次の2通りの表し方をする．1つは，大きな値は $a \times 10^n$，小さな値は $a \times 10^{-n}$ （$1 \leq a < 10$，n は正の整数）と表す方法である．10の右肩にある n や $-n$ は10の累乗の指数あるいはべきという．例えば1日は 8.64×10^4 s と表される．
もう1つの表し方は，指定された接頭語を使う方法である．例えば，1000 m = 1 km と表される．単位の 10^n（10の整数乗倍）を表す接頭語を表に示す．

参考：次元と次元解析

物理量はそれぞれの基本的な性格にしたがって，[長さ]，[質量]，[時間]，[速度] のように分類できる．[長さ] は cm, m, km, インチなどの単位を用いて測られ，[質量] は kg や g, [時間] は秒 (s) や分 (min) などで測られる．一方，[速度] は [長さ] / [時間] だから，その大きさは m/s などを単位として測られる．このような，[長さ]，[質量]，[時間] に加えて，

[速度] = [長さ] / [時間]
[加速度] = [速度] / [時間] = [長さ] / [時間]^2
[力] = [質量] × [加速度] = [質量] × [長さ] / [時間]^2

などを物理量の**次元**という．1 s と 2 m のような大小を比較することはできない2つの量に対して，それらの次元は異なる．一方，30 s と 5 min の単位は「s」と「min」で異なるが，時間を表すという点では同じである．その場合は大小を比較することができ，それらの次元は等しい．
力学現象で独立な物理量は長さ (L: length)，質量 (M: mass)，時間 (T: time) の3つであり，この3つの次元を用いてあらゆる力学的物理量が表現できる．ある力学的物理量 Q の次元を $[Q]$ で表すと，$[Q] = L^x M^y T^z$ と表せる．これを次元式という．その指数（べき）x, y, z は次元数とよばれ，有理数の値を取る．例えば，速さ v は単位としては m/s や km/h など様々あるが，次元式は同じで，$[v] = LT^{-1}$ となる．
物理法則や物理量の関係を表す数式の両辺が同じ次元を持たないといけないことから，物理量の間に成り立つ関係をある程度知ることができる．これを**次元解析**といい，複雑な現象に関し，関係する諸量の間に成り立つ物理法則を見いだそうとする場合に用いられる．
例えば，振り子の周期 T に関して次元解析より以下のような知見が得

られる．振り子が振動するのは，おもりを重力が下へ引くからである．しかし，おもりはひもにつながっていてまっすぐに下へは動けないので，円周に沿って降りる．最下点に達するときには，勢いがついているので止まれずに行き過ぎる．この繰り返しで振り子は振動する．したがって，振り子の周期 T は，おもりの質量 m，重力加速度 g，ひもの長さ l に関連し，$T = cm^x l^y g^z$（c は無次元の定数）のように書けることが推測される．この関係式の両辺の次元が一致すべきだという要請より x, y, z を決めることができる．$[T] = \mathrm{T}$，$[m] = \mathrm{M}$，$[l] = \mathrm{L}$，$[g] = \mathrm{LT}^{-2}$ より，次元式は $\mathrm{T} = \mathrm{M}^x \mathrm{L}^y (\mathrm{LT}^{-2})^z = \mathrm{M}^x \mathrm{L}^{y+z} \mathrm{T}^{-2z}$ となる．両辺の次元は等しいから，$x = 0$, $y + z = 0$, $-2z = 1$ の関係が成り立ち，次元数は $x = 0$, $y = 1/2$, $z = -1/2$ となる．以上より，

$$T = c\sqrt{\frac{L}{g}}$$

が得られる．無次元量である定数 c は次元解析からは決まらない．しかし，おもりの質量は周期には関係しない，ひもの長さを4倍にすると振動の周期は2倍になる，月面では重力加速度は地表の1/6であるので月面では周期は $\sqrt{6}$ 倍になるなどの重要な物理的知見が運動方程式を解かずに得られる．

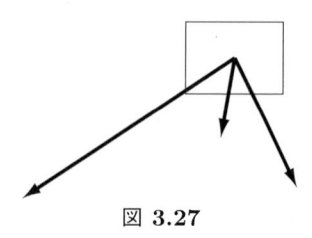

演習問題 A

3.1 力のつり合い
物体に図 3.27 のような複数の力が働いているとき，つり合いの状態にするために必要な力を作図せよ．

図 3.27

3.2 ばねの弾性力
(1) 質量 200 g のおもりをつり下げると，自然長から 20 cm 伸びるばねがある．このばねのばね定数はいくらか？
(2) ばね定数が 30 N/m で自然長が 15 cm のばねを手でゆっくり引いたら，全長が 20 cm になった．ばねが手に及ぼしている弾性力の大きさはいくらか？

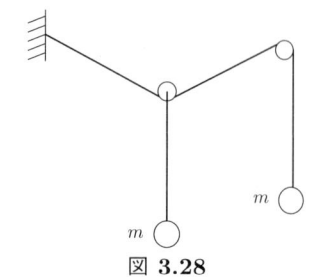

3.3 ロープの下り
図 3.28 のように質量 m のおもりで張ったロープの中央に動滑車につなげた質量 m のおもりをゆっくりつり下げる．ロープは水平からどれだけ傾くか．ただし，ロープと滑車の質量は無視し，摩擦は考えなくてよい．

図 3.28

3.4 力のつり合いと作用反作用
図 3.29 の鉢と台に描かれている力 W_A と W_B は，鉢と台が地球から受ける重力である．以下の問いに答えよ．

(1) W_A と W_B 以外に，鉢，台，水平面に働く力を矢印で表せ．（上から作用点がある順に $F_1 \sim F_4$ とせよ．）

(2) W_A, W_B, $F_1 \sim F_4$ のなかで，「作用反作用の関係にある力の組」および「つり合いの関係にある力の組」をすべて答えよ．

(3) W_A の反作用の力は，何が何から受ける力であるか．

(4) $F_1 \sim F_4$ の力の大きさを W_A と W_B を用いて表せ．

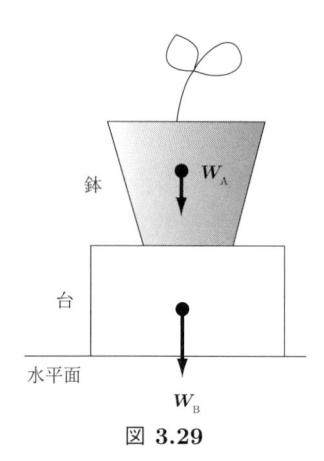

図 3.29

3.5 力のつり合いと作用反作用
図 3.30 のような大人と子供の押し相撲に関して，以下の問いに答えよ．

(1) 大人と子供に働いている力をすべて図に矢印で示せ．ここで，二人はざらざらした砂の土俵の上に立っているとし，手で押し合っている力は水平方向とする．また，空気の存在は無視せよ．

(2) (1) で描いた力のうち，作用反作用の関係にあるものはどれか？

(3) 大人が押し相撲で勝つ理由を，力の関係から述べよ．

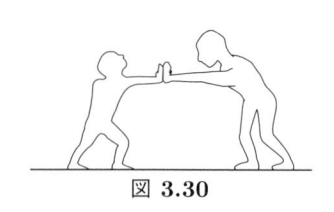

図 3.30

3.6 万有引力
地球の質量は 6.0×10^{24} kg, 月の質量は 7.3×10^{22} kg, 地球と月の距離は 3.8×10^8 m である. 地球と月の間の万有引力の大きさを求めよ.

3.7 最大摩擦力
質量 0.50 kg の木片が木製の台の上に水平に置かれている. (1) 上から 1.0 N の力で押しつけている場合, (2) 上に 1.0 N の力で引き上げている場合, 最大摩擦力はいくらになるか. 静止摩擦係数を $\mu = 0.60$, 重力加速度を 9.8 m/s^2 として計算せよ.

3.8 摩擦力
図 3.31 のような水平と θ の角をなす粗い斜面上に質量 m [kg] の物体を置いたら斜面上で静止した. 斜面と物体との間の静止摩擦係数を μ, 重力加速度の大きさを g [m/s^2] として次の問いに答えよ.

(1) このとき, 物体が受けている摩擦力の向きと大きさ f はいくらか.

(2) 次に物体に斜面に沿って上向きに力を加えてしだいに大きくしていったところ, 力の大きさが F [N] を超えたときに物体が動き始めた. F の大きさを求めよ.

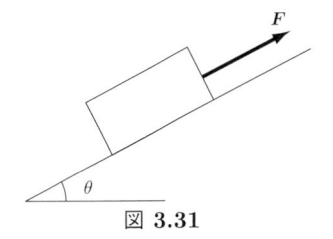

図 3.31

3.9 動摩擦力
図 3.32 のように水平面の上に, 質量 m_A, m_B, m_C の物体 A, B, C を質量を無視できるひも l_{AB}, l_{BC} でつなぎ, 物体 A に力 $\boldsymbol{F}$ を加えて一定の速さで引き続けた. A, B, C と床の動摩擦係数を μ' とするとき, F とひも l_{AB}, l_{BC} の張力 T_{AB}, T_{BC} を求めよ.

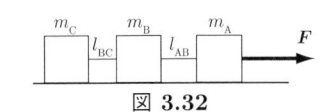

図 3.32

3.10 運動の法則

(1) 質量 30 kg の物体に力が働いて，物体が 4 m/s^2 の加速度で運動している．物体に働いている力の大きさを求めよ．

(2) 2 kg の物体に 12 N の力が作用すると加速度の大きさはいくらになるか．

(3) 一直線上を 30 m/s の速さで走っている質量 20 kg の物体を一定の力を加えて 6 秒間で停止させるには，どれだけの大きさの力を加えればよいか．

(4) 静止していた質量が 2 kg の物体に 20 N の力が 3 秒間働いたときのこの物体の速さを求めよ．

3.11 運動の法則

まっすぐな道路を走っている質量 1000 kg の自動車が 5 秒間に 20 m/s から 30 m/s に一様に加速された．

(1) 加速されている間の自動車の加速度の大きさはいくらか．

(2) このとき働いた力の大きさはいくらか．

3.12 エレベータの中の人

質量 60 kg の人が，大きさ 2 m/s^2 の加速度で上昇中のエレベーターの中にいるとき，床からの抗力を求めよ．またこの人がこの状況で体重計に乗ったとき，針は何 kg を指すか？

3.13 糸でつるした物体の運動

質量 1 kg の物体に軽くて丈夫な糸をつけ，上端を手で持ってつるす．重力加速度の大きさを 9.8 m/s^2 とする．

(1) 物体を静止させているとき，糸の張力の大きさはいくらか．

(2) 物体を 35 m/s の等速度で鉛直上向きに運動させているとき，糸の張力の大きさはいくらか．

(3) 1.2 m/s^2 の加速度で下降させているとき，糸の張力の大きさはいくらか．

(4) 1.2 m/s^2 の加速度で上昇させているとき，糸の張力の大きさはいくらか．

(5) 糸の張力の大きさが 6 N のとき，この物体の加速度の向きと大きさを求めよ．

3.14 斜面での運動方程式

図 3.33 のように,質量がそれぞれ m と M の物体 A,B を質量の無視できる糸でつないで,水平面と角 θ をなす滑らかな斜面に A を置き,糸を質量の無視できる滑車にかけて B を鉛直につり下げたあと,静かに手を放した.重力加速度の大きさを g とする.

(1) 物体 A が上方にも下方にも滑らないときの,物体 B の質量 M はいくらか.

(2) B が下方に加速するとき,A,B の加速度の大きさと糸が各物体を引く力の大きさを求めよ.

3.15 糸で連結した物体の運動

質量 m が 0.2 kg の 3 つの球 A,B,C を図 3.34 のように質量を無視できる糸でつなぎ,糸の端をもって 9.0 N の力で引き上げた.3 つの球の加速度 a と 3 つの球をつなぐ糸の張力 T_{AB},T_{BC} を求めよ.

3.16 摩擦力のある運動方程式

図 3.35 のように水平面上に,ともに質量 2.0 kg の台車 A と物体 B を並べて置き,手で A を水平に押して A,B を動かす.A に働く摩擦は無視できるが,B には一定の動摩擦力が働くものとする.

(1) A,B が 1.5 m/s の一定の速さで動いているとき,A を押す力は 6.0 N であった.B に働く動摩擦力の大きさはいくらか？

(2) A を押す力が 14.0 N のとき,物体 A と B には加速度 a [m/s^2] が生じた.B が A を押す力の大きさを f [N] としたとき,f の大きさを求めよ.

3.17 摩擦のある斜面での運動方程式

質量 M の物体が,摩擦のある水平な台の上に置かれている.次の問いに答えよ.ただし,この物体と台との間の静止摩擦係数を μ,動摩擦係数を μ' とし,重力加速度は g とする.

(1) 台を静かに傾けたら物体が滑り始めた.滑り始めた瞬間の台の水平からの傾き θ と静止摩擦係数 μ との関係を求めよ.

(2) 滑り始めてからの物体の加速度を求めよ.

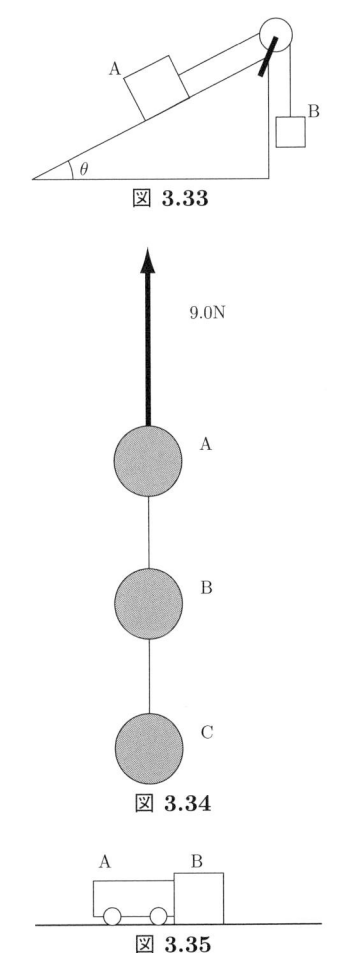

3.18 重ねた板の運動

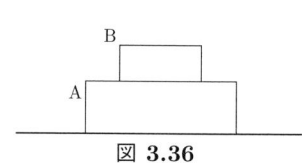

図 3.36 のように，なめらかな水平面上に質量 M の板 A があり，その上に質量 m の物体 B がのせてある．A と B の間の静止摩擦係数を μ とし，重力加速度の大きさを g とする．

(1) 板 A に糸をつけて水平方向に引いて動かす．板 A と物体 B の間に滑りが生じない程度で，加速度を最大にしたい．限度の加速度の大きさと，そのとき糸を引いている力の大きさを求めよ．

(2) 次に，物体 B に糸をつけて水平方向に引いて動かす．板 A と B との間に滑りが生じない程度で，加速度を最大にしたい．限度の加速度の大きさと，そのとき糸を引いている力の大きさを求めよ．

3.19 滑車につるされたおもりの運動

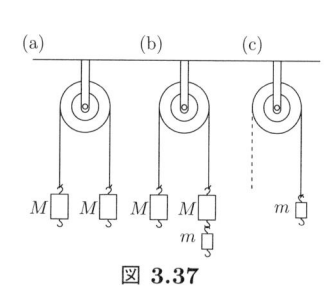

図 3.37 のような質量の無視できる定滑車に重さの無視できるひもをかけ，(a) のように左右等しい質量 M のおもりをつるす．このとき，おもりはつり合いの状態にある．次に (b) のように一方のおもりにさらに質量 m のおもりをとりつけ，手を離すと，おもりを新たに加えた側が下向きに運動した．この運動が (c) のように，質量 m のおもりだけが滑車の片側にある場合の運動と比べて，違いがあるかを調べたい．重力加速度を g として，以下の問いに答えよ．

(1) (a) のつり合いの状態にあるとき，糸の張力の大きさを求めよ．

(2) (c) の状態でおもりが落下する加速度を求めよ．

(3) (b) の状態で右側のおもりが落下する加速度を求めよ．

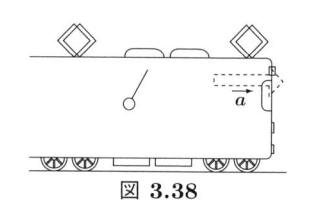

3.20 慣性力

直線状のレールの上を加速度 $\boldsymbol{a}$ で加速中の電車がある．車内にひもでつるしたおもりのつり合いの位置は図 3.38 のようにひもが斜めになった状態である．この理由を，(1) 地上からこのおもりを観測する立場と，(2) 加速中の車内で観測する立場から説明せよ．

演習問題 B

3.21 ばねの弾性力

図 3.39 のように、自然長が l_0 の軽いばねの上端を天井に固定し、下端に質量 M の小さなおもりをつり下げたところ、ばねの長さは l になった。重力加速度の大きさを g とし、以下の問いに答えよ。

(1) 今、このばねを切ってその長さを $\frac{2}{3}l_0$ にし、新たに質量 m_1 のおもりをつるしたとき、ばねの長さは全体でいくらになるか？

(2) 最初に用意したばねと同じものを用意し、天井から $\frac{2}{3}l_0$ の位置に質量 m_1 のおもりを取り付け、さらにばねの下端に質量 m_2 のおもりをとりつけた。ばねの長さは全体でいくらになるか？

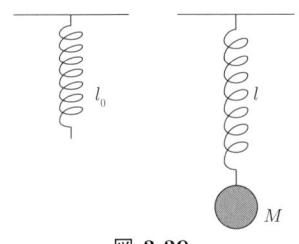

図 3.39

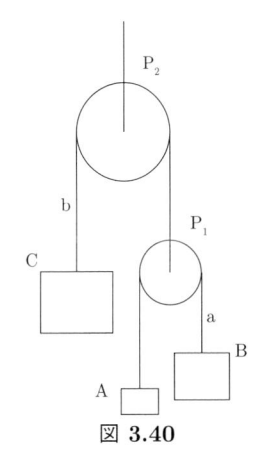

3.22 滑車にかけられたおもりの運動

図 3.40 のように、質量がそれぞれ m, $2m$, $3m$ のおもり A, B, C を重さの無視できる滑車 P_1, P_2 を介してひもでつなぐ。ひもの質量、および伸び縮みは無視できるとして以下の問いに答えよ。

(1) 全体が静止している状態から運動を始めさせたとき、おもり C の加速度を求めよ。

(2) おもり B の加速度を求めよ。

(3) ひも a と b の張力を求めよ。

図 3.40

第4章　いろいろな運動

ケプラー (1571–1630, 独)

本章では，物体にさまざまな力が働く場合の運動を，運動方程式を立てて，それを解くことにより調べる．

物体の加速度 a は速度 v や位置ベクトル r を用いて表すと，

$$a = \frac{\mathrm{d}v}{\mathrm{d}t} = \frac{\mathrm{d}^2 r}{\mathrm{d}t^2}$$

であるので，運動方程式 $ma = F$ は，

$$m\frac{\mathrm{d}v}{\mathrm{d}t} = F$$

または

$$m\frac{\mathrm{d}^2 r}{\mathrm{d}t^2} = F$$

と書き表すことができる．このように，導関数を含む方程式を微分方程式といい，この方程式を満足する関数を求めることを「微分方程式を解く」という．

では，物体にどのような力が働けばその物体はどのような運動をするかを，いくつかの具体的な例を用いて考えてみよう．

4.1　1次元の運動

■ 自由落下運動

物体が静止している状態から，重力だけを受けて落下する運動を自由落下運動という．図 4.1 のように，鉛直下向きに y 軸をとり，時刻 $t=0$ で原点 O から初速度の大きさ 0 で運動を始めたとする．重力加速度の大きさを g とすれば，質量 m の物体に働く重力は鉛直下向きに大きさ mg であるから，運動方程式は，

$$ma = mg$$

と書ける[1]．ここで，加速度 a は速度 v を用いて表すと $a = \dfrac{\mathrm{d}v}{\mathrm{d}t}$ であるので，運動方程式は，

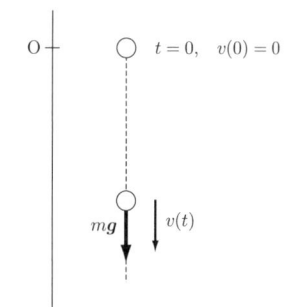

図 4.1

---

[1] 物体の速度，加速度および物体に働く力はベクトルである．しかし，今考えている自由落下運動のように，その運動が 1 次元的であるときは速度，加速度および力はそれぞれの運動方向の成分だけを考えて，スカラーで表すことができる．

$$m\frac{\mathrm{d}v}{\mathrm{d}t} = mg$$

であり，両辺を m で割ると，

$$\frac{\mathrm{d}v}{\mathrm{d}t} = g$$

である．速度 v は時刻 t で微分すると定数 g となる関数であるので，t の 1 次式であることがわかる．実際に，両辺を t で積分すると，

$$v(t) = \int g\,\mathrm{d}t = gt + C_1 \quad (C_1 : 定数)$$

が得られる．また，速度 v は位置 y を用いて表すと $v = \dfrac{\mathrm{d}y}{\mathrm{d}t}$ であるので，

$$\frac{\mathrm{d}y}{\mathrm{d}t} = gt + C_1$$

であり，両辺を t で積分すると，

$$y(t) = \int (gt + C_1)\mathrm{d}t = \frac{1}{2}gt^2 + C_1 t + C_2 \quad (C_2 : 定数)$$

が得られる．

このように，物体の速度 v および位置 y を運動方程式（微分方程式）を解くことにより時刻 t の式で表すことができた．しかし，それぞれの式には任意定数 C_1 と C_2 が含まれているので，このままでは運動の様子を完全に表すことができたとは言えない．これらの任意定数は，物体が最初どのような状態で運動を始めたかを与える初期条件により決めることができる．時刻 $t = 0$ での物体の速度は 0，運動を始めた位置を原点 O としているので，初期条件は $v(0) = 0$，$y(0) = 0$ である．これらの条件を満足する C_1 と C_2 は，

$$v(0) = 0 \text{ より，} \quad g \times 0 + C_1 = 0$$
$$y(0) = 0 \text{ より，} \quad \frac{1}{2}g \times 0^2 + C_1 \times 0 + C_2 = 0$$

より $C_1 = 0$，$C_2 = 0$ と決められる．よって，自由落下運動のある時刻 t における物体の速度 $v(t)$ および物体の位置 $y(t)$ は，

$$v(t) = gt, \quad y(t) = \frac{1}{2}gt^2$$

自由落下運動

と表されることがわかる．

(1)

(2)

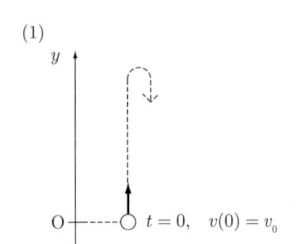

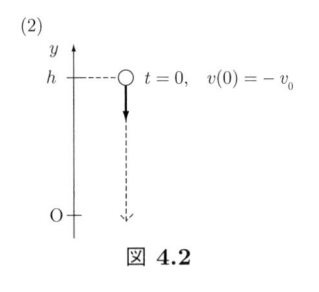

図 4.2

例題 4.1 　 落下運動

質量 m の物体が重力だけを受けて鉛直方向に落下する運動を考える．図 4.2 のように鉛直上向きに y 軸をとると，この物体についての運動方程式は，

$$m\frac{\mathrm{d}v}{\mathrm{d}t} = -mg$$

である．次のそれぞれの場合に対して，ある時刻 t の物体の速度 $v(t)$，および物体の位置 $y(t)$ を求めよ．

(1) $t=0$ のとき，$y=0, v=v_0$ の場合．（鉛直投げ上げ）

(2) $t=0$ のとき，$y=h, v=-v_0$ の場合．（鉛直投げ下ろし）

[解答]

運動方程式の両辺を t で積分して，

$$\int \mathrm{d}v = -\int g\,\mathrm{d}t$$

より，

$$v(t) = -gt + C_1 \quad (C_1 : 定数)$$

である．また，$v = \dfrac{\mathrm{d}y}{\mathrm{d}t}$ であるので，$\dfrac{\mathrm{d}y}{\mathrm{d}t} = -gt + C_1$ となり，両辺を t で積分すると，

$$y(t) = -\frac{1}{2}gt^2 + C_1 t + C_2 \quad (C_2 : 定数)$$

である．

(1)

$$y(0) = 0 \text{ より，} \quad -\frac{1}{2}g \times 0^2 + C_1 \times 0 + C_2 = 0,$$
$$v(0) = v_0 \text{ より，} \quad -g \times 0 + C_1 = v_0,$$

であるので，$(C_1, C_2) = (v_0, 0)$ と決められる．よって，

鉛直投げ上げ

$$v(t) = -gt + v_0, \quad y(t) = -\frac{1}{2}gt^2 + v_0 t$$

である．

(2)

$$y(0) = h \text{ より，} \quad -\frac{1}{2}g \times 0^2 + C_1 \times 0 + C_2 = h,$$
$$v(0) = -v_0 \text{ より，} \quad -g \times 0 + C_1 = -v_0,$$

であるので，$(C_1, C_2) = (-v_0, h)$ と決められる．よって，

$$v(t) = -gt - v_0, \quad y(t) = -\frac{1}{2}gt^2 - v_0 t + h$$

鉛直投げ下ろし

である.

■ 空気抵抗を受ける落下運動

空気抵抗の大きさはその物体の大きさや形, 物体の速さなどによって異なる. 例えば, 物体の大きさが比較的小さく, その速さがあまり大きくないときには, 空気抵抗の大きさは物体の速さに比例することが知られている. そこで, 物体の速さに比例する空気抵抗を受けながら落下する物体の運動について考えてみよう.

空気抵抗の大きさ F を

$$F = bv$$

とする. 運動方程式を解く前に, 大まかにこの運動について考えてみよう. 初速度の大きさが 0 であったとすると, 落下を始めた直後は物体の速さが小さいので空気抵抗も小さく, 物体は重力により加速度運動する. しかし, 時間が経つにつれ物体の速さが大きくなり, やがて空気抵抗の大きさが重力の大きさと等しくなる. このようになると, 物体に働く合力は 0 となるので, 物体は等速で落下する. このときの速度を終端速度といい, その大きさ v_f は,

$$v_\mathrm{f} = \frac{mg}{b}$$

と求められる.

では, 落下をし始めてから終端速度になるまでの物体の速度変化を運動方程式を解くことにより求めてみよう. 図 4.3 のように鉛直下向きに y 軸をとり, 時刻 $t = 0$ のときの物体の位置を原点 O, また初速度の大きさを 0 とする. 物体に働く力は鉛直下向きの重力 mg と運動方向に逆らった方向 (鉛直上向き) に空気抵抗 bv となるので, 運動方程式は,

$$m\frac{\mathrm{d}v}{\mathrm{d}t} = mg - bv$$

と書ける. この運動方程式はこのまま両辺を t で積分しても解くことができない. なぜならば, 両辺を t で積分すると右辺 $= \int (mg - bv) \mathrm{d}t$ となり, $v = v(t)$ がわからないことには積分の計算をすることができないからである. そこで, この微分方程式は変数分離法を用いて解く. 終端速度になるまでの間は $mg > bv$ より $mg - bv > 0$ なので, 両辺を $mg - bv$ で割ると,

$$\frac{m}{mg - bv}\frac{\mathrm{d}v}{\mathrm{d}t} = 1$$

となる. この式の両辺を t で積分し v について解くと,

$$v(t) = \frac{1}{b}\left(mg - Ce^{-\frac{b}{m}t}\right)$$

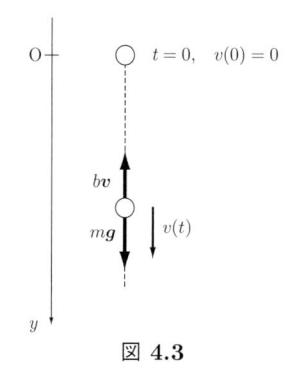

図 4.3

となる．任意定数 C は初期条件 $v(0) = 0$ を用いて $C = mg$ と決められ，

$$v(t) = \frac{mg}{b}\left(1 - e^{-\frac{b}{m}t}\right)$$

と表されることがわかる．図 4.4 はこの式をグラフに表したものである．ここで，$t \to \infty$ とすると $e^{-\frac{b}{m}t} \to 0$ より，

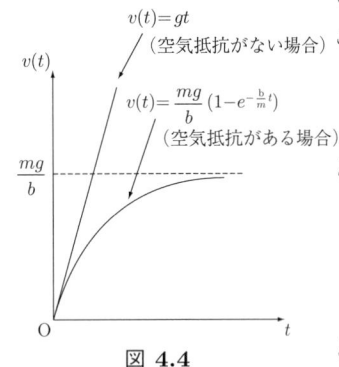

$$v \to \frac{mg}{b}$$

となり，十分時間が経つと，確かに先程求めた終端速度に近づくことがわかる．

また，ある時刻 t での物体の位置 $y(t)$ は

$$y(t) = \frac{mg}{b}t - \frac{m^2g}{b^2}\left(1 - e^{-\frac{b}{m}t}\right)$$

と表される．（例題 4.2 参照）

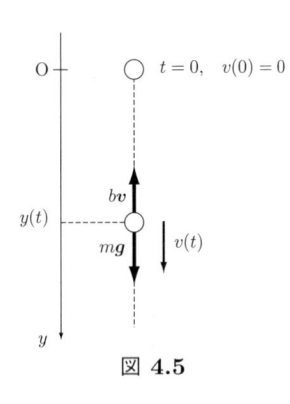

図 4.4

図 4.5

例題 4.2　空気抵抗がある場合の自由落下運動

速度 v に比例した空気抵抗を受けながら落下する物体がある．図 4.5 のように鉛直下向きに y 軸をとり，$t = 0$ での物体の位置を原点 O，初速度の大きさを 0 とする．また，空気抵抗の大きさを bv (b は正の定数)，重力加速度の大きさを g とする．

(1) ある時刻 t の物体の速度 $v(t)$ を求めよ．

(2) ある時刻 t の物体の位置 $y(t)$ を求めよ．

[解答]

(1) 運動方程式は，

$$m\frac{\mathrm{d}v}{\mathrm{d}t} = mg - bv$$

である．両辺を $mg - bv$ で割り，t で積分すると，

$$\int \frac{m}{mg - bv}\mathrm{d}v = \int \mathrm{d}t$$

より，

$$-\frac{m}{b}\log(mg - bv) = t + C_1 \quad (C_1 : \text{定数})$$

である．この式を v について解くと，

$$v(t) = \frac{1}{b}\left(mg - C_2 \cdot e^{-\frac{b}{m}t}\right)$$

である．ただし，$C_2 = e^{-\frac{b}{m}C_1}$ と置いた．初期条件 $v(0) = 0$ より，

$$\frac{1}{b}\left(mg - C_2 \cdot e^0\right) = 0$$

であるので，$C_2 = mg$ と決められる．よって，

$$v(t) = \frac{mg}{b}\left(1 - e^{-\frac{b}{m}t}\right)$$

である．

(2) $v = \dfrac{dy}{dt}$ であるので (1) より，

$$\frac{dy}{dt} = \frac{mg}{b}\left(1 - e^{-\frac{b}{m}t}\right)$$

が得られる．この式の両辺を t で積分して，

$$y(t) = \frac{mg}{b}\left(t + \frac{m}{b}e^{-\frac{b}{m}t}\right) + C_3 \quad (C_3 : 定数)$$

である．初期条件 $y(0) = 0$ より，

$$\frac{mg}{b}\left(0 + \frac{m}{b}e^0\right) + C_3 = 0$$

であるので，$C_3 = -\dfrac{m^2 g}{b^2}$ と決められる．よって，

$$y(t) = \frac{mg}{b}t - \frac{m^2 g}{b^2}\left(1 - e^{-\frac{b}{m}t}\right)$$

である．

■ 単振動

図 4.6 のように，x 軸上を運動する質量 m の物体に $F = -kx$（k は正の定数）の力が働く場合の運動を考えてみよう．この力は，大きさが原点 O からの距離に比例し，$x > 0$ のとき $F < 0$，$x < 0$ のとき $F > 0$ となることから，たえず原点 O の方を向くことがわかる．運動方程式は，

$$ma = -kx$$

となる．

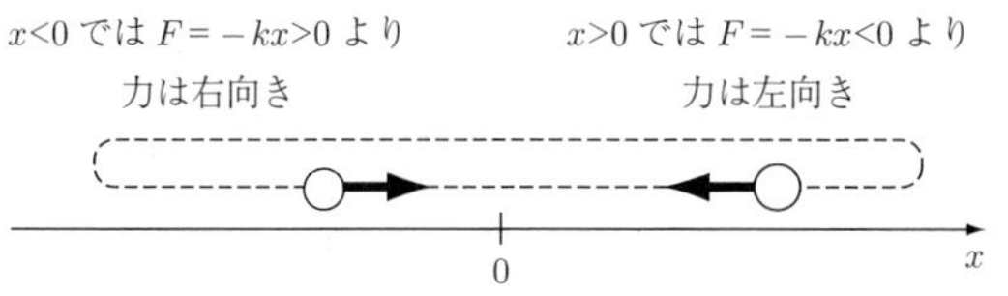

図 4.6

加速度 a は物体の位置 x を用いて表すと $a = \dfrac{d^2 x}{dt^2}$ であるので，

$$m\frac{d^2 x}{dt^2} = -kx$$

と書ける．さらに，$\dfrac{k}{m} = \omega^2$ と置くと，

$$\frac{d^2x}{dt^2} = -\omega^2 x$$

となる．このような微分方程式は2階同次線形微分方程式とよばれており，一般解は方程式を満足する独立な2つの解 $x_1 = x_1(t)$ と $x_2 = x_2(t)$ が求まれば，

$$x(t) = C_1 x_1(t) + C_2 x_2(t)$$

と表されることが知られている（ここで，C_1, C_2 は定数）．よって，上の運動方程式の一般解は，

$$x(t) = C_1 \sin \omega t + C_2 \cos \omega t \quad (C_1, C_2 : 定数)$$

という形で与えられる．また，三角関数の合成公式を用いて，

単振動
$$x(t) = A \sin(\omega t + \phi)$$

と変形することもでき，これも A と ϕ を任意定数とする一般解である（ただし，$A = \sqrt{C_1^2 + C_2^2}$, $\tan \phi = C_2/C_1$ ）．このように，ある時刻 t での物体の位置が t の正弦関数で表されるような運動を単振動という．$x = x(t)$ のグラフは図 4.7 (a) のようになる．ここで，A を単振動の振幅，ω を角振動数，$\omega t + \phi$ を位相，ϕ を初期位相という．また，

$$T = \frac{2\pi}{\omega} = 2\pi \sqrt{\frac{m}{k}}$$

を周期といい，単位は秒（記号：s）となる．また，

$$f = \frac{\omega}{2\pi}$$

を振動数といい，単位はヘルツ（記号：Hz）となる．さらに，ある時刻 t における物体の速度は，

$$v(t) = A\omega \cos(\omega t + \phi)$$

となり，$v = v(t)$ のグラフは図 4.7 (b) のようになる．

解に含まれる任意定数は初期条件により決められる．例えば，$t = 0$ のときに位置 $x = a_0$ $(a_0 > 0)$ より初速度の大きさ 0 で運動を始めたとすると，

$$x(0) = a_0 \text{ より}, \quad A \sin(0 + \phi) = a_0,$$
$$v(0) = 0 \text{ より}, \quad A\omega \cos(0 + \phi) = 0,$$

となる．よって，$A > 0$ で連立方程式を解くことにより $\phi = \frac{\pi}{2}$, $A = a_0$ と決められ，ある時刻 t での物体の位置 $x(t)$ は，

$$x(t) = a_0 \sin\left(\omega t + \frac{\pi}{2}\right) = a_0 \cos \omega t$$

と表されることがわかる．グラフは図 4.8 のようになる．

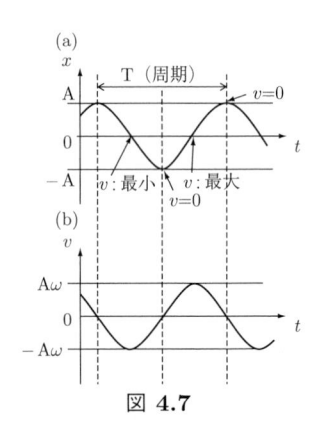

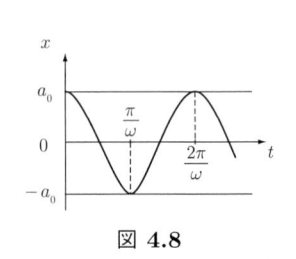

例題 4.3　単振動

図 4.9 のように，ばね定数 k の軽いばねを水平で滑らかな台の上に置き，左端を壁に固定し，右端には質量 m の物体 P を取り付ける．次に，ばねを x_0 だけ伸ばした後，時刻 $t = 0$ のときに静かに手を放した．図 4.9 のように x 軸をとり，ばねが自然の長さであるときの物体 P の位置を原点 O とする．

(1) 物体 P がある位置 x にあるとき，この物体に働く水平方向の力を求めよ．また，この物体についての運動方程式を書け．

(2) この運動方程式を解くことにより，ある時刻 t での物体の位置 $x(t)$ および物体の速度 $v(t)$ を求めよ．また，それぞれのグラフを描け．

(3) この物体の振動の周期を求めよ．

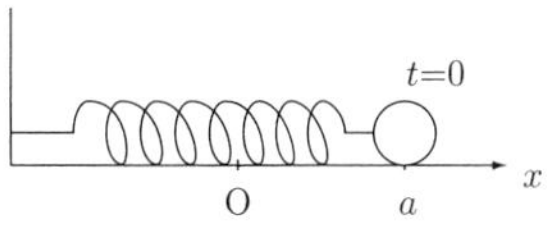

図 4.9（自然の長さ）

[解答]

(1) この物体に働く力 F は

$$F = -kx$$

である．よって，運動方程式は

$$ma = -kx$$

であり，$a = \dfrac{d^2 x}{dt^2}$ であるので，

$$m\frac{d^2 x}{dt^2} = -kx$$

である．

(2) 運動方程式の解の形を，

$$x(t) = A\sin(\omega t + \phi)$$

とする．これを運動方程式に代入すると，

$$\frac{dx}{dt} = A \cdot \omega \cdot \cos(\omega t + \phi), \quad \frac{d^2 x}{dt^2} = -A \cdot \omega^2 \cdot \sin(\omega t + \phi)$$

であるので，

$$m \cdot \{-A \cdot \omega^2 \cdot \sin(\omega t + \phi)\} = -k \cdot A\sin(\omega t + \phi)$$

となる．よって，$x(t) = A\sin(\omega t + \phi)$ が運動方程式の解となるためには $m\omega^2 = k$ より，

$$\omega = \sqrt{\frac{k}{m}}$$

であればよいことがわかる．また，初期条件 $v(0) = 0$, $x(0) = x_0$ より，それぞれ，

$$A \sin \phi = x_0 \quad \cdots (a)$$
$$A\omega \cos \phi = 0 \quad \cdots (b)$$

となる．$A \neq 0$, $\omega \neq 0$ なので，(b) より $\cos \phi = 0$．よって，$\phi = \dfrac{\pi}{2}$ である．これを (a) に代入して，$A = x_0$ である．以上より，

$$x(t) = x_0 \sin\left(\omega t + \frac{\pi}{2}\right) = x_0 \cos \omega t$$
$$v(t) = x_0 \omega \cos\left(\omega t + \frac{\pi}{2}\right) = -x_0 \omega \sin \omega t$$

である．ただし，$\omega = \sqrt{\dfrac{k}{m}}$ である．また，グラフは図 4.10 のようになる．

(3) (2) で求めた位置 x と時刻 t の関係より，周期 T は，

$$T = \frac{2\pi}{\omega} = 2\pi \sqrt{\frac{m}{k}}$$

である．

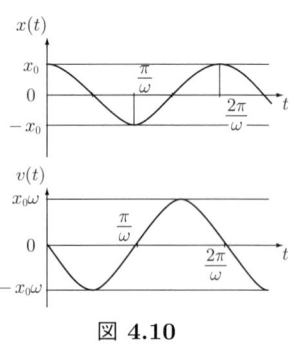

図 4.10

4.2 2次元の運動

■ 水平投射

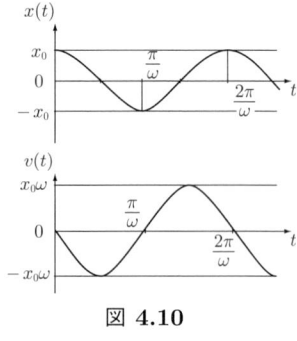

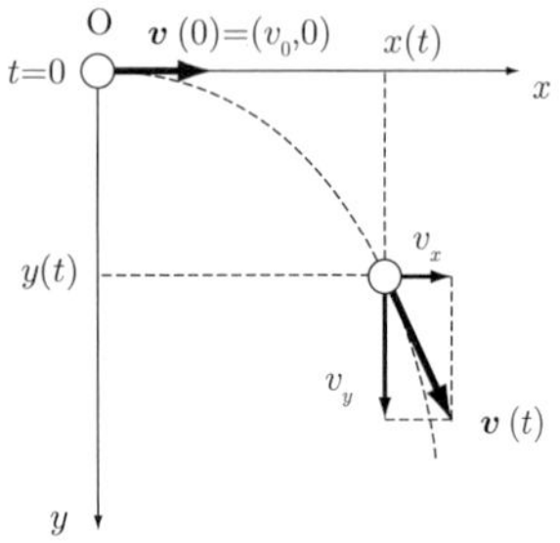

図 4.11 のように，地面に対して水平方向に投げ出された質量 m の物体が重力だけを受けて落下する運動を考えてみよう．図 4.11 のように x 軸および y 軸をとり，物体が投げ出された位置を原点 O，物体の初速度の大きさを v_0 とする．物体に働く力 $\boldsymbol{F}$ は鉛直下向きに働く重力 mg のみ考えるので，

$$\boldsymbol{F} = (0, mg)$$

と表される[2]．したがって，運動方程式は，

$$m\boldsymbol{a} = (0, mg)$$

と書ける．ここで，加速度 $\boldsymbol{a}$ は速度 $\boldsymbol{v}$ を用いて表すと $\boldsymbol{a} = \dfrac{d\boldsymbol{v}}{dt}$ であるので，

$$m\frac{d\boldsymbol{v}}{dt} = (0, mg)$$

となり，両辺を m で割ると，

$$\frac{d\boldsymbol{v}}{dt} = (0, g)$$

図 4.11

---

[2] このような2次元的な運動を扱うときは，物体の位置，速度，加速度および力はスカラーではなくベクトルで扱わなければいけないことに注意しよう．

となる．ここで，$\boldsymbol{v}=(v_x,v_y)$ とすると，$\dfrac{\mathrm{d}\boldsymbol{v}}{\mathrm{d}t}=\left(\dfrac{\mathrm{d}v_x}{\mathrm{d}t},\dfrac{\mathrm{d}v_y}{\mathrm{d}t}\right)$ であるので，

$$x\text{ 成分} : \dfrac{\mathrm{d}v_x}{\mathrm{d}t}=0$$

$$y\text{ 成分} : \dfrac{\mathrm{d}v_y}{\mathrm{d}t}=g$$

となる．x 成分と y 成分を別々に扱い解くこともできるが，ここでは速度 $\boldsymbol{v}$ のまま計算を進めることにする．自由落下運動のときと同様に両辺を t で積分すると，

$$\boldsymbol{v}(t)=(C_1,gt+C_2)\quad(C_1,C_2:\text{定数})$$

が得られる．任意定数 C_1 および C_2 は初期条件 $\boldsymbol{v}(0)=(v_0,0)$ を用いて

$$(C_1,g\times 0+C_2)=(v_0,0)$$

より，$(C_1,C_2)=(v_0,0)$ と決められる．よって，ある時刻 t での物体の速度 $\boldsymbol{v}(t)$ は

$$\boldsymbol{v}(t)=(v_0,gt)$$

と表されることがわかる．また，速度 $\boldsymbol{v}(t)$ は位置ベクトル $\boldsymbol{r}(t)$ を用いて表すと $\boldsymbol{v}=\dfrac{\mathrm{d}\boldsymbol{r}}{\mathrm{d}t}$ であるので，

$$\dfrac{\mathrm{d}\boldsymbol{r}}{\mathrm{d}t}=(v_0,gt)$$

となり．

$$\boldsymbol{r}(t)=\left(v_0 t+C_3,\dfrac{1}{2}gt^2+C_4\right)\quad(C_3,C_4:\text{定数})$$

となる．初期条件 $\boldsymbol{r}(0)=(0,0)$ より $(C_3,C_4)=(0,0)$ と決められるので，ある時刻 t での物体の位置ベクトル $\boldsymbol{r}(t)$ は

$$\boldsymbol{r}(t)=\left(v_0 t,\dfrac{1}{2}gt^2\right)$$

水平投射

と表されることがわかる．ここで，$\boldsymbol{r}=(x,y)$ とすると，

$$x=v_0 t,\quad y=\dfrac{1}{2}gt^2$$

となり，これらの式より t を消去することによって運動の軌跡を表す式，

$$y=\dfrac{g}{2v_0^2}x^2$$

が得られる．運動の軌跡は原点を頂点とする放物線の一部となっているので，このような運動を放物運動という．

■ 斜方投射

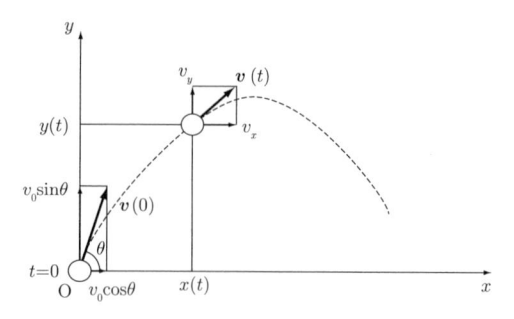

図 4.12

次に，斜め上方に投げだされた物体の運動を考えてみよう．図 4.12 のように x 軸および y 軸をとり，物体が投げ出された位置を原点 O，また時刻 $t=0$ のときに物体を水平方向から角度 θ だけ上方に初速度の大きさ v_0 で投げ出したとする．物体に働く重力は鉛直下向きに mg なので，物体に働く力 $\boldsymbol{F}$ は y 軸の向きに注意して

$$\boldsymbol{F} = (0, -mg)$$

と表される．したがって，運動方程式は，

$$m\boldsymbol{a} = (0, -mg)$$

となり，

$$\frac{d\boldsymbol{v}}{dt} = (0, -g)$$

となる．水平投射の場合と同様に両辺を t で積分すると，

$$\boldsymbol{v}(t) = (C_1, -gt + C_2) \quad (C_1, C_2 : 定数)$$

が得られる．初期条件は，水平方向と θ の角をなす方向に初速度の大きさ v_0 で投げ上げたので $\boldsymbol{v}(0) = (v_0\cos\theta, v_0\sin\theta)$ となり，任意定数は $(C_1, C_2) = (v_0\cos\theta, v_0\sin\theta)$ と決められる．よって，ある時刻 t での物体の速度 $\boldsymbol{v}(t)$ は，

$$\boldsymbol{v}(t) = (v_0\cos\theta, -gt + v_0\sin\theta)$$

と表されることがわかる．さらに，

$$\frac{d\boldsymbol{r}}{dt} = (v_0\cos\theta, -gt + v_0\sin\theta)$$

より，両辺を t で積分すると

$$\boldsymbol{r}(t) = \left((v_0\cos\theta)t + C_3, -\frac{1}{2}gt^2 + (v_0\sin\theta)t + C_4\right) \quad (C_3, C_4 : 定数)$$

が得られる．初期条件 $\boldsymbol{r}(0) = (0,0)$ より，$(C_3, C_4) = (0,0)$ と決められる

ので，ある時刻 t の物体の位置ベクトルは

$$\boldsymbol{r}(t) = \left((v_0\cos\theta)t, -\frac{1}{2}gt^2 + (v_0\sin\theta)t\right)$$

と表されることがわかる．この運動の軌跡を表す式は，

$$x = (v_0\cos\theta)t, \quad y = -\frac{1}{2}gt^2 + (v_0\sin\theta)t$$

より t を消去して，

$$y = -\frac{g}{2v_0^2\cos^2\theta}x^2 + (\tan\theta)x$$

となり，運動の軌跡は原点 O を通り y 軸に平行な対称軸を持つ放物線の一部となる（放物運動）．

斜方投射

例題 4.4 放物運動

図 4.13 のように，水平と角度 θ をなす方向に，質量 m の物体を初速度の大きさ v_0 で投げ上げた．図 4.13 のように x 軸および y 軸をとり，物体を投げ上げた位置を原点 O とする．また，物体を投げ上げた時刻を $t = 0$ とし，重力加速度の大きさを g とする．

(1) この物体についての運動方程式を書け．

(2) この運動方程式の初期条件を書け．

(3) ある時刻 t の物体の位置ベクトルを求めよ．

(4) この物体の運動の軌跡を表す式を求めよ．

(5) この物体を最も遠くまで飛ばすための投げ上げる角 θ を求めよ．

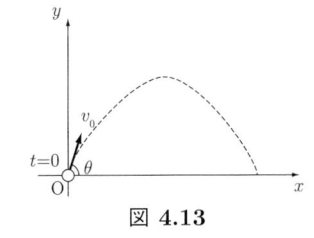

図 4.13

[解答]

(1) 重力は鉛直下向きに大きさ mg なので，運動方程式は，

$$m\boldsymbol{a} = (0, -mg)$$

である．

(2) 初速度の x 成分および y 成分はそれぞれ $v_0\cos\theta$, $v_0\sin\theta$ となる．また，$t = 0$ のときに原点 O から投げ上げたので，初期条件は，

$$\boldsymbol{v}(0) = (v_0\cos\theta, v_0\sin\theta), \quad \boldsymbol{r}(0) = (0, 0)$$

である．

(3) (1) の運動方程式は $\dfrac{d\boldsymbol{v}}{dt} = (0, -g)$ と書き表すことができるので，両辺

を t で積分すると，
$$\bm{v}(t) = (C_1, -gt + C_2) \quad (C_1, C_2 : 定数)$$
である．初期条件 $\bm{v}(0) = (v_0 \cos\theta, v_0 \sin\theta)$ より，
$$(C_1, C_2) = (v_0 \cos\theta, v_0 \sin\theta)$$
と決められる．よって，ある時刻 t の物体の速度 $\bm{v}(t)$ は，
$$\bm{v}(t) = (v_0 \cos\theta, -gt + v_0 \sin\theta)$$
である．また，$\bm{v} = \dfrac{\mathrm{d}\bm{r}}{\mathrm{d}t}$ なので，
$$\frac{\mathrm{d}\bm{r}}{\mathrm{d}t} = (v_0 \cos\theta, -gt + v_0 \sin\theta)$$
であり，両辺を t で積分すると，
$$\bm{r}(t) = \left((v_0 \cos\theta) \cdot t + C_3, -\frac{1}{2}gt^2 + (v_0 \sin\theta) \cdot t + C_4 \right)$$
$$(C_3, C_4 : 定数)$$
である．初期条件 $\bm{r}(0) = (0,0)$ より，
$$(C_3, C_4) = (0,0)$$
と決められる．よって，ある時刻 t の物体の位置ベクトル $\bm{r}(t)$ は，
$$\bm{r}(t) = \left((v_0 \cos\theta) \cdot t, -\frac{1}{2}gt^2 + (v_0 \sin\theta) \cdot t \right)$$
である．

(4) 物体の運動の軌跡を表す式は，(3) より t を消去すればよい．$x = v_0 \cos\theta \cdot t$ より，$t = \dfrac{x}{v_0 \cos\theta}$ であるから，
$$y = -\frac{1}{2}g \left(\frac{x}{v_0 \cos\theta} \right)^2 + v_0 \sin\theta \cdot \frac{x}{v_0 \cos\theta}$$
$$= -\frac{g}{2v_0^2 \cos^2\theta} x^2 + (\tan\theta) \cdot x$$
である．

(5) 物体が地面に落下する位置（水平到達距離）x は，物体の経路を表す式で $y = 0$ となる x を求めればよいので，
$$x = \frac{2v_0^2}{g} \sin\theta \cos\theta = \frac{v_0^2}{g} \sin 2\theta$$
となる．よって，この物体を最も遠くへ飛ばすための投げ上げる角 θ は，物体が地面に落下する位置（水平到達距離）x を最大にする θ を求め

ばよい．x が最大となるのは $\sin 2\theta = 1$ のときであるから，

$$\theta = 45°$$

である．

■ **楕円運動**

物体に作用する力が，ある定点 O と物体の位置 P を結ぶ直線に沿って働き，その大きさが距離 OP だけで決まるとき，その力を中心力，点 O を力の中心という．

ここで，図 4.14 のように，力 $\boldsymbol{F} = -k\boldsymbol{r} = (-kx, -ky)$ を受ける質量 m の物体が，時刻 $t = 0$ のときに，位置 $\boldsymbol{r}(0) = (R, 0)$ より初速度 $\boldsymbol{v}(0) = (0, v_0)$ で運動をし始めたとする．運動方程式は

$$m\boldsymbol{a} = -k\boldsymbol{r}$$

となり，$\dfrac{k}{m} = \omega^2$ と置くと，

$$\boldsymbol{a} = -\omega^2 \boldsymbol{r}$$

となる．ここで，$\boldsymbol{a} = \dfrac{d\boldsymbol{v}}{dt} = \dfrac{d^2\boldsymbol{r}}{dt^2} = \left(\dfrac{d^2 x}{dt^2}, \dfrac{d^2 y}{dt^2}\right)$ なので，x 成分および y 成分はそれぞれ，

$$x \text{ 成分} : \frac{d^2 x}{dt^2} = -\omega^2 x$$

$$y \text{ 成分} : \frac{d^2 y}{dt^2} = -\omega^2 y$$

となり，単振動のときと同じ形の微分方程式が得られる．

- x 成分：$\dfrac{d^2 x}{dt^2} = -\omega^2 x$

  解を $x(t) = A_1 \sin(\omega t + \phi_1)$ と置く．初期条件 $x(0) = R$，$v_x(0) = 0$ を満たすように A_1 と ϕ_1 を決めると，

  $$A_1 \sin \phi_1 = R$$

  $$A_1 \omega \cos \phi_1 = 0$$

  より，$\phi_1 = \dfrac{\pi}{2}$，$A_1 = R$ と求められる．よって，

  $$x(t) = R \sin\left(\omega t + \frac{\pi}{2}\right) = R \cos \omega t$$

- y 成分：$\dfrac{d^2 y}{dt^2} = -\omega^2 y$

  同様に，解を $y(t) = A_2 \sin(\omega t + \phi_2)$ と置く．初期条件 $y(0) = 0$，$v_y(0) = v_0$ を満たすように A_2 と ϕ_2 を決めると，

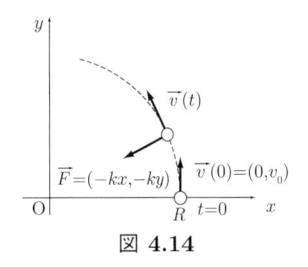

$$A_2 \sin\phi_2 = 0$$
$$A_2\omega \cos\phi_2 = v_0$$

より，$\phi_2 = 0$, $A_2 = \dfrac{v_0}{\omega}$ と求められる．よって，

$$y(t) = \frac{v_0}{\omega}\sin\omega t$$

以上より，

$$x(t) = R\cos\omega t, \qquad y(t) = \frac{v_0}{\omega}\sin\omega t$$

となる．運動の軌跡を表わす式は，これらの式より t を消去して，

$$\frac{x^2}{R^2} + \frac{y^2}{\left(\dfrac{v_0}{\omega}\right)^2} = 1$$

となる．よって，物体は楕円軌道を描き運動することがわかる．また，$R = \dfrac{v_0}{\omega}$ の場合，物体は円運動することがわかる．

例題 4.5 　中心力を受ける物体の運動

図 4.15 のように，xy 平面上で質量 m の物体が

$$\boldsymbol{F} = -m\omega^2 \boldsymbol{r} = (-m\omega^2 x, -m\omega^2 y) \quad (\omega : 定数)$$

の力を受けながら運動している．ただし，時刻 $t = 0$ での物体の位置 $\boldsymbol{r}(0) = (R, 0)$，速度 $\boldsymbol{v}(0) = (0, v_0)$ とする．

(1) ある時刻 t の物体の位置ベクトル $\boldsymbol{r}(t)$ および速度 $\boldsymbol{v}(t)$ を求めよ．

(2) この物体の運動の軌跡が楕円であることを示せ．

(3) この物体が初めて y 軸を横切るときの時刻を求めよ．また，そのときの位置ベクトルおよび速度を求めよ．

(4) この物体が円運動するための初速度の大きさ v_0 を求めよ．

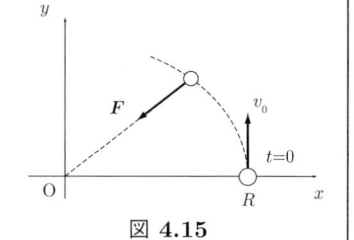

図 4.15

[解答]

(1) 運動方程式は

$$m\frac{\mathrm{d}^2\boldsymbol{r}}{\mathrm{d}t^2} = -m\omega^2 \boldsymbol{r}$$

である．

- x 成分： $\dfrac{\mathrm{d}^2 x}{\mathrm{d}t^2} = -\omega^2 x$

この方程式の一般解は，
$$x(t) = A_1 \sin(\omega t + \phi_1) \quad (A_1, \phi_1 : 定数)$$
となる．初期条件は $x(0) = R$, $v_x(0) = 0$ であるので，
$$A_1 \sin \phi_1 = R$$
$$A_1 \omega \cos \phi_1 = 0$$
より，
$$A_1 = R, \quad \phi_1 = \frac{\pi}{2}$$
と決められる．

- y 成分： $\dfrac{\mathrm{d}^2 y}{\mathrm{d} t^2} = -\omega^2 y$

この方程式の一般解は，
$$y(t) = A_2 \sin(\omega t + \phi_2) \quad (A_2, \phi_2 : 定数)$$
となる．初期条件は $y(0) = 0$, $v_y(0) = v_0$ であるので，
$$A_2 \sin \phi_2 = 0$$
$$A_2 \omega \cos \phi_2 = v_0$$
より，
$$A_2 = \frac{v_0}{\omega}, \quad \phi_2 = 0$$
と決められる．

以上より，
$$\boldsymbol{r}(t) = \left(R \cos \omega t, \frac{v_0}{\omega} \sin \omega t \right)$$
である．また，
$$\boldsymbol{v}(t) = (-R\omega \sin \omega t, v_0 \cos \omega t)$$
である．

(2)
$$x = R \cos \omega t \text{ より,} \quad \cos \omega t = \frac{x}{R},$$
$$y = \frac{v_0}{\omega} \sin \omega t \text{ より,} \quad \sin \omega t = \frac{\omega y}{v_0},$$

であるので，$\sin^2 \omega t + \cos^2 \omega t = 1$ より，

$$\left(\frac{x}{R}\right)^2 + \left(\frac{\omega y}{v_0}\right)^2 = 1$$

である．よって，物体の運動の軌跡は図 4.16 のような楕円となる．

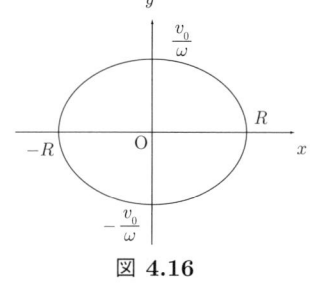

(3) $x = 0$ となる時刻を求めればよい．$R\cos\omega t = 0$ より，$\omega t = \frac{\pi}{2}$ である．よって，

$$t = \frac{\pi}{2\omega}$$

である．また，このときの物体の位置ベクトルと速度は，

$$\boldsymbol{r}\left(\frac{\pi}{2\omega}\right) = \left(0, \frac{v_0}{\omega}\right), \quad \boldsymbol{v}\left(\frac{\pi}{2\omega}\right) = (-R\omega, 0)$$

である．

図 4.16

(4) 運動の軌跡が円となるためには $R = \frac{v_0}{\omega}$ となればよい．よって，

$$v_0 = R\omega$$

である．

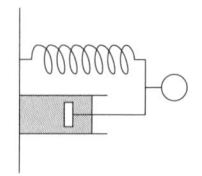

図 4.17

参考：減衰振動と強制振動

1. 減衰振動

図 4.17 のように，単振動をする物体に速度に比例する抵抗 $-c\frac{dx}{dt}$ $(c > 0)$ が働く場合の運動を考えてみよう．運動方程式は，

$$m\frac{d^2x}{dt^2} = -kx - c\frac{dx}{dt}$$

と書け，$k = m\omega^2$，$c = 2m\gamma$ とおくと，

$$\frac{d^2x}{dt^2} + 2\gamma\frac{dx}{dt} + \omega^2 x = 0$$

となる．（ただし，$\omega > 0$ とする．また，明らかに $\gamma > 0$ となる．）これは 2 階同次線形微分方程式である．この方程式の解を $x = e^{\lambda t}$ と置くと方程式に代入して，

$$\lambda^2 + 2\gamma\lambda + \omega^2 = 0$$

が得られ，λ が，

$$\lambda = -\gamma \pm \sqrt{\gamma^2 - \omega^2}$$

であれば方程式の解となることがわかる．$\gamma^2 - \omega^2$ の符号により，方程式

の一般解は，

1. $\gamma^2 - \omega^2 > 0$ つまり $\gamma > \omega$ のとき
$$x(t) = (ae^{\sqrt{\gamma^2-\omega^2}t} + be^{-\sqrt{\gamma^2-\omega^2}t})e^{-\gamma t}$$

2. $\gamma^2 - \omega^2 = 0$ つまり $\gamma = \omega$ のとき
$$x(t) = (ct + d)e^{-\gamma t}$$

3. $\gamma^2 - \omega^2 < 0$ つまり $\gamma < \omega$ のとき
$$x(t) = Ae^{-\gamma t}\sin(\sqrt{\omega^2-\gamma^2}\,t + \phi)$$

となる．それぞれのグラフは図 4.18 のようになる．1 の場合は過減衰，2 の場合は臨界振動といわれ，ともに振動することなく指数的に減衰していく．一方，3 の場合は振幅が $Ae^{-\gamma t}$ で時間とともに指数的に減衰しながら周期

$$T = \frac{2\pi}{\sqrt{\omega^2 - \gamma^2}}$$

で振動する．このような振動を減衰振動という．

図 4.18

2．強制振動

図 4.19 のように，単振動や減衰振動をしている物体に，角振動数 Ω で周期的に変化する外力，

$$F = f_0 \sin \Omega t$$

を加えたときの運動を考えてみよう．このときの運動方程式は

$$m\frac{d^2x}{dt^2} = -kx - c\frac{dx}{dt} + f_0 \sin \Omega t$$

と書ける．$k = m\omega^2$, $c = 2m\gamma$, $f_0 = mf$ と置くと

$$\frac{d^2x}{dt^2} + 2\gamma\frac{dx}{dt} + \omega^2 x = f \sin \Omega t$$

図 4.19

となる．2 階線形微分方程式で x, dx/dt, d^2x/dt^2 以外の項を非同次項といい，このように非同次項（右辺）を含む微分方程式を非同次微分方程式という．非同次微分方程式の一般解は，右辺が 0 となる同次微分方程式の一般解 $x_1(t)$（これは減衰振動の方程式の一般解）と非同次微分方程式の特解 $x_2(t)$ の和 $x(t) = x_1(t) + x_2(t)$ で与えられることが知られている．ここで，$x_1(t)$ は減衰振動で扱った方程式の一般解なので十分時間が経てば 0 に収束することがわかる．よって，特解 $x_2(t)$ は外力と同じ角振動数で振動する解，つまり

$$x_2(t) = A \sin(\Omega t - \phi_0)$$

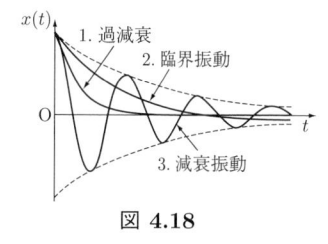

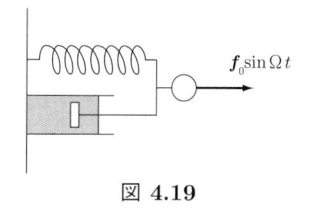

の形で与えられることが予想される．これを方程式に代入すると，

$$\begin{aligned}左辺 &= -A\Omega^2 \sin(\Omega t - \phi_0) + 2A\gamma\Omega \cos(\Omega t - \phi_0) + A\omega^2 \sin(\Omega t - \phi_0) \\ &= A(\omega^2 - \Omega^2) \sin(\Omega t - \phi_0) + 2A\gamma\Omega \cos(\Omega t - \phi_0)\end{aligned}$$

$$\begin{aligned}右辺 &= f\sin\{(\Omega t - \phi_0) + \phi_0\} \\ &= f\cos\phi_0 \sin(\Omega t - \phi_0) + f\sin\phi_0 \cos(\Omega t - \phi_0)\end{aligned}$$

であるので，

$$A(\omega^2 - \Omega^2) = f\cos\phi_0, \quad 2A\gamma\Omega = f\sin\phi_0$$

つまり，

$$A = \frac{f}{\sqrt{(\omega^2 - \Omega^2)^2 + 4\gamma^2\Omega^2}}, \quad \tan\phi_0 = \frac{2\gamma\Omega}{\omega^2 - \Omega^2}$$

であれば方程式の解となる．以上より，角振動数 Ω で周期的に変化する外力が加えられたときの物体の運動は時間が十分経過したとき $x(t) = x_2(t) = A\sin(\Omega t - \phi_0)$ であるので，外力と同じ振動数で位相が ϕ_0 だけ遅れた単振動となることがわかる．この運動は外力により引き起こされた振動なので強制振動という．また，図 4.20 のように，振幅 A は外力の大きさ f 以外に外力の角振動数 Ω に大きく依存している．

図 4.20

$$A の分母 = \sqrt{\{\Omega^2 - (\omega^2 - 2\gamma^2)\}^2 + 4\gamma^2(\omega^2 - \gamma^2)}$$

より，$\omega > \sqrt{2}\gamma$ ならば，

$$\Omega = \sqrt{\omega^2 - 2\gamma^2}$$

のときに振幅 A は最大となる．このように，振動系が外力によって最大振幅となって振動している状態を共鳴または共振という．

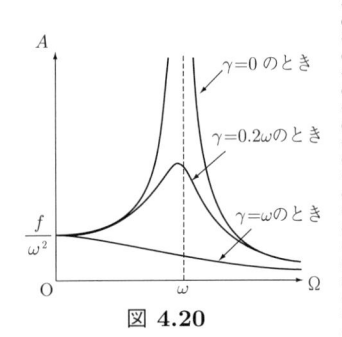

演習問題 A

4.1 鉛直投げ上げ

図 4.21 のように，高さ H のビルの屋上から，質量 m の物体を鉛直上向きに初速度の大きさ v_0 で投げ上げた．鉛直上向きに y 軸をとり，地上を原点 O とする．また，重力加速度の大きさを g とする．

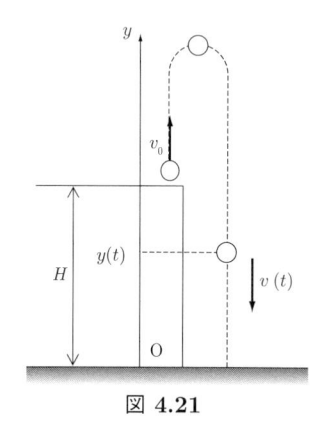

(1) ある時刻 t における物体の速度 $v(t)$ を求めよ．

(2) ある時刻 t における物体の位置 $y(t)$ を求めよ．

(3) この物体が地上に達する直前の時刻を求めよ．また，そのときの速度を求めよ．

4.2 斜面上の物体の運動

図 4.22 のように，水平面と角度 θ をなす滑らかな斜面上に質量 m の物体を静かに置き，斜面に沿って運動をさせる．図 4.22 のように斜面方向下向きに x 軸をとり，$t = 0$ のときの物体の位置を原点 O ($x = 0$) とする．また，重力加速度の大きさを g とする．

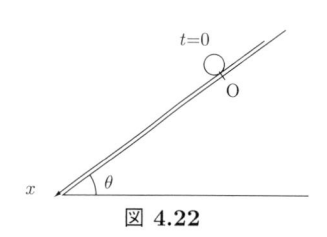

[1] 静かに手を放し運動をさせたとする．

(1) ある時刻 t の物体の速度 $v(t)$ および物体の位置 $x(t)$ を求めよ．

(2) 物体が $x = l$ の位置を通過する時刻 t_1 とそのときの物体の速度 v_1 を求めよ．

[2] 斜面に沿って上向きに初速度の大きさ v_0 を与えて運動をさせたとする．このとき，物体が $x = l$ の位置を通過する時刻 t_2 を求めよ．

4.3 空気抵抗のある運動

図 4.23 のように，速度 v に比例した空気抵抗が働く場合の，初速度の大きさ v_0 で鉛直上向きに投げ上げた物体の運動を考える．鉛直上向きに y 軸をとり，時刻 $t = 0$ での物体の位置を原点 O とする．また，空気抵抗の大きさを bv (b は正の定数)，重力加速度の大きさを g とする．

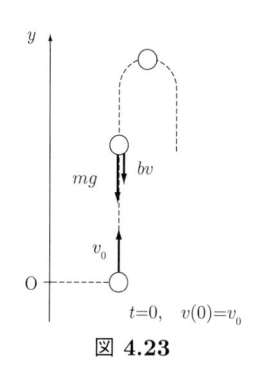

(1) 物体が鉛直上向きに運動しているときのある時刻 t の物体の速度を求めよ．

(2) この物体が最高点に達する時刻を求めよ．

4.4 単振動

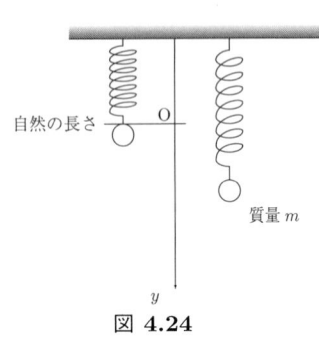

ばね定数 k の軽いばねの一端を天井に固定し，他端に質量 m のおもりをつるす．ばねが自然の長さとなる位置におもりを支え上げて，時刻 $t=0$ のときに静かに手を放したところ，おもりは上下に単振動した．重力加速度の大きさを g とする．

(1) 図 4.24 のように，鉛直下向きに y 軸をとり，ばねが自然の長さであるときの物体の位置を原点 O とする．このおもりの運動方程式を書き表せ．

(2) この運動方程式を解くことにより，ある時刻 t におけるおもりの位置 y を求めよ．また，そのグラフを描け．

(3) おもりの振動の周期を求めよ．

4.5 単振り子

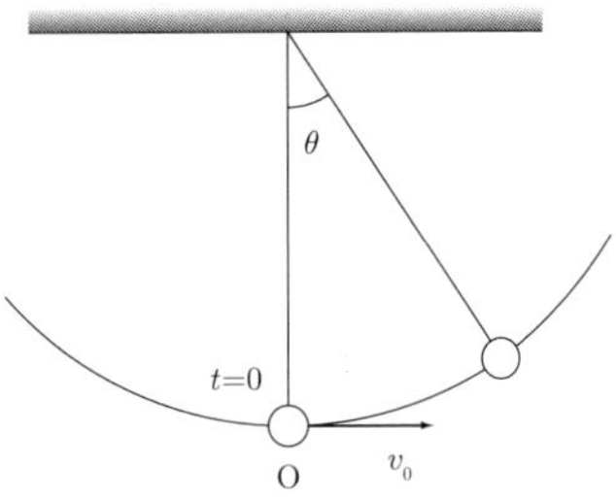

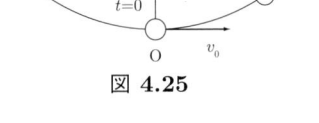

長さ l の糸の一端を天井に固定し，他端に質量 m の物体 P を取り付け鉛直につるす．図 4.25 のように，時刻 $t=0$ に水平右向きに初速度の大きさ v_0 を与えたところ，物体 P は鉛直面内で微小振動を始めた．重力加速度の大きさを g とする．

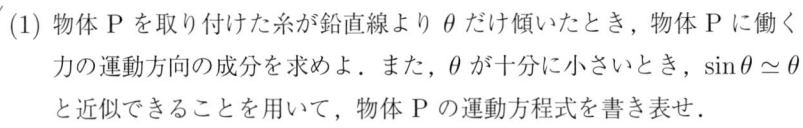

(1) 物体 P を取り付けた糸が鉛直線より θ だけ傾いたとき，物体 P に働く力の運動方向の成分を求めよ．また，θ が十分に小さいとき，$\sin\theta \simeq \theta$ と近似できることを用いて，物体 P の運動方程式を書き表せ．

(2) この運動方程式を解くことにより，振動の周期を求めよ．

4.6 水平投射

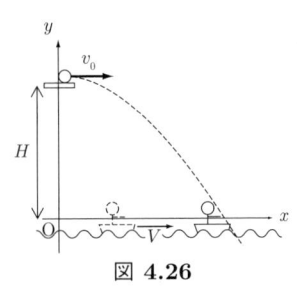

水面より高さ H の橋の上から，質量 m のボールを初速度の大きさ v_0 で水平方向に投げた．重力加速度の大きさを g とする．

[1] 図 4.26 のように x 軸，y 軸および原点 O をとり，物体を投げた時刻を $t=0$ とする．

(1) ある時刻 t での物体の速度 $\boldsymbol{v}(t)$ および物体の位置ベクトル $\boldsymbol{r}(t)$ を求めよ．

(2) ボールが水面に到達した時刻およびその位置ベクトルを求めよ．

[2] ボールを投げる T 秒前に橋の真下を船が通過し，速さ V で流れに沿って川を下っていたとする．この船の上の人に投げたボールを受け取らせるためにはどれだけの初速度でボールを投げればよいか求めよ．

4.7 放物運動

高さ H のビルの屋上から，質量 m の物体を水平方向と角度 θ をなす方向に初速度の大きさ v_0 で投げ上げた．重力加速度の大きさを g とする．

(1) 図 4.27 のように x 軸，y 軸および原点 O をとるとき，ある時刻 t での物体の速度 $\boldsymbol{v}(t)$ および物体の位置ベクトル $\boldsymbol{r}(t)$ を求めよ．

(2) 物体が最高点に達する時刻およびその高さを求めよ．

(3) 物体が地面に落下した時刻を求めよ．

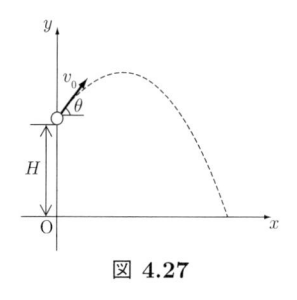

図 4.27

演習問題 B

4.8 落下運動

図 4.28 のように，高さ H [m] のビルの屋上から時刻 $t=0$ のときに物体 A を自由落下させた．また，その 2 秒後に真下の地上から鉛直上向きに初速度の大きさ v_0 [m/s] で物体 B を投げ上げたところ，空中で 2 つの物体が衝突した．2 つの物体が衝突した時刻を求めよ．ただし，重力加速度の大きさを g [m/s^2] とせよ．

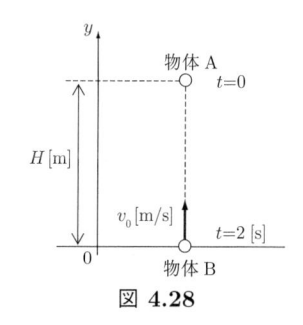

図 4.28

4.9 空気抵抗のある運動

速度 v の 2 乗に比例する空気抵抗が働く場合の物体の落下運動を考える．初速度の大きさ 0 で物体を落下させたとき，落下し始めてから t 秒後の物体の速度を求めよ．ただし，空気抵抗の大きさを kv^2（k は正の定数），物体の質量を m，重力加速度の大きさを g とせよ．

4.10 斜面への投射

水平と α の角をなす斜面上から時刻 $t=0$ のときに仰角（斜面と物体を投げた方向のなす角）θ，初速度の大きさ v_0 で質量 m の物体を投げ上げた．図 4.29 のように，斜面に沿って x 軸，斜面に対して垂直上向きを y 軸，および物体を投げ上げた位置を原点 O とする．また，重力加速度の大きさを g とする．

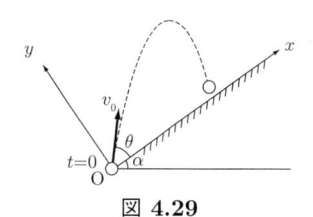

(1) ある時刻 t における物体の位置ベクトル $\boldsymbol{r}(t)$ を求めよ．

(2) 物体が斜面に落下する時刻を求めよ．

(3) v_0 が一定のとき，物体をできるだけ遠くまで到達させるための仰角 θ_1 を求めよ．

(4) 物体が斜面に対して垂直に落下するための仰角を θ_2 とするとき，$\tan\theta_2$ を求めよ．

図 4.29

第5章 力学的エネルギー保存の法則

ライプニッツ (1646–1716, 独)

運動する物体には，保存する物理量がしばしば存在する．この時間的・空間的に移動してもその総量が一定の値をとる量を保存量とよぶ．保存量が存在する運動であれば，運動方程式を解かなくても運動の様子を調べることができる．本章では，まず物理学での仕事，運動エネルギーおよびポテンシャルエネルギーの意味を理解し，それらの関係について学ぶ．また，ある条件下での運動では，運動エネルギーとポテンシャルエネルギーの和（力学的エネルギー）が保存量となることを学ぶ．

5.1 仕事と仕事率

■ 仕事

図 5.1 のように，物体が一定の力 $\boldsymbol{F}$ を受けながら一直線上を運動するとき，力 $\boldsymbol{F}$ がした仕事 W は，力 $\boldsymbol{F}$ と物体の変位ベクトル $\Delta \boldsymbol{x}$ の内積，

$$W = \boldsymbol{F} \cdot \Delta \boldsymbol{x}$$

で定義される．これは，力 $\boldsymbol{F}$ の大きさを F，物体が移動した距離（変位ベクトルの大きさ）を Δx，力 $\boldsymbol{F}$ と変位 $\Delta \boldsymbol{x}$ のなす角を θ とすれば，

$$W = F \Delta x \cos \theta = (F \cos \theta) \Delta x$$

と書き表すことができるので，力 $\boldsymbol{F}$ がした仕事は，力 $\boldsymbol{F}$ の物体が移動した方向の成分 ($F \cos \theta$) と移動した距離 (Δx) の積であることがわかる．仕事の単位には，ジュール（記号 J）が用いられ，$1\,\mathrm{J} = 1\,\mathrm{N \cdot m} = 1\,\mathrm{kg \cdot m^2/s^2}$ である．また，図 5.2 の力と変位の関係を表すグラフにおいて，仕事の大きさは網掛け部の面積で表される．

- $0° \leq \theta < 90°$ の場合

仕事 $W > 0$ となるので，力 $\boldsymbol{F}$ は正の仕事をしたという．例えば図 5.3 (a) のように，物体が受ける力の向きと物体の運動方向が同じである $\theta = 0°$ のときには，

$$W = F \Delta x$$

となり，仕事 W は「力の大きさ×移動した距離」となる．

- $\theta = 90°$ の場合

 $\cos 90° = 0$ より仕事 W は 0 となり，このような力 $\bm{F}$ は仕事をしないことがわかる．例えば図 5.3 (b) のように，垂直抗力は物体が移動する方向に対して垂直方向に働くので，垂直抗力がした仕事は 0 となる．

- $90° < \theta \leqq 180°$ の場合

 仕事 $W < 0$ となるので，力 $\bm{F}$ は負の仕事をしたという．例えば図 5.3 (c) のように，粗い水平面上を物体が運動するとき，動摩擦力は物体が動く方向とは逆向きに働くので，動摩擦力が物体にした仕事は必ず負となる．

■ 力の大きさが変化する場合の仕事

物体に働く力 $\bm{F}$ の大きさが一定ではなく変化するとき，この力がする仕事を考えてみよう．この場合の仕事は，運動を微小区間に分け，各区間での力がした仕事を足し合わせることによって求めることができる．

図 5.4 のように，直線（x 軸）上を運動する物体が図 5.5 (a) のように位置 x により変化する力 F を運動方向に受けながら点 A ($x = x_1$) から点 B ($x = x_2$) まで移動したとする．まず，図 5.5 (b) のように，移動した区間を N 等分し，それぞれの区間で力の大きさが一定であると仮定する．区間の幅を Δx，i 番目の区間での力の大きさを F_i （一定）とすれば，その区間での仕事 ΔW_i は，

$$\Delta W_i = F_i \Delta x$$

となる．今，それぞれの区間内で力の大きさが一定であると仮定したが，実際は力の大きさは変化している．しかし，区間の幅を十分小さくすれば（$N \to \infty$ とすれば），それぞれの区間内での力の大きさは一定であると見なせるであろう．よって，点 A から点 B まで物体を移動させたとき，力 F がした仕事は，

$$W = \lim_{N \to \infty} \sum_{i=1}^{N} F_i \cdot \Delta x$$

となり，力 F が位置 x の関数として与えられているときは，

$$W = \int_{x_1}^{x_2} F(x) \mathrm{d}x$$

となることがわかる．また，仕事の大きさは 図 5.5 (a) の網掛け部の面積で表される．

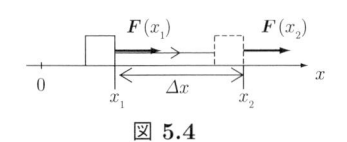

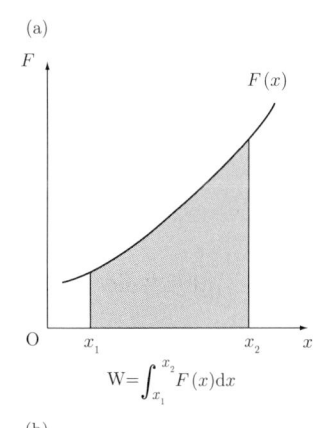

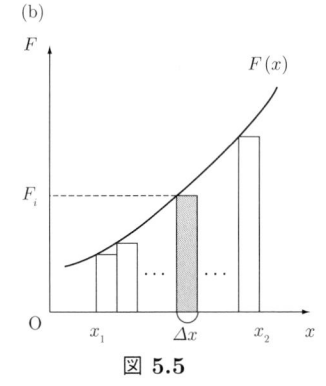

図 5.4

(a)
$$W = \int_{x_1}^{x_2} F(x)\mathrm{d}x$$

(b)

図 5.5

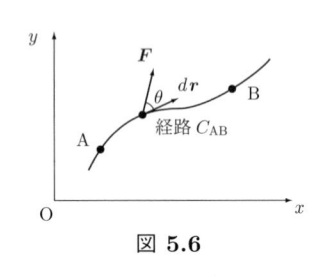

> **参考：仕事の一般的な定義**
>
> 一般に，物体が図 5.6 の点 A から点 B まで力 $\boldsymbol{F}$ を受けながら移動するとき，この力 $\boldsymbol{F}$ がした仕事 W は
>
> $$W = \int_{C_{AB}} \boldsymbol{F} \cdot \mathrm{d}\boldsymbol{r}$$
>
> と表すことができる．また，$\boldsymbol{F} = (F_x, F_y, F_z)$，$\mathrm{d}\boldsymbol{r} = (\mathrm{d}x, \mathrm{d}y, \mathrm{d}z)$ とすると，
>
> $$W = \int_A^B (F_x\,\mathrm{d}x + F_y\,\mathrm{d}y + F_z\,\mathrm{d}z)$$
>
> となる．

図 5.6

■ 仕事率

単位時間あたりに行われる仕事を仕事率という．つまり，時間 Δt の間に力 $\boldsymbol{F}$ がした仕事を ΔW とすると，その間の平均の仕事率 $\bar{P}$ は，

平均の仕事率

$$\bar{P} = \frac{\Delta W}{\Delta t}$$

となる．仕事率の単位にはワット（記号 W）が用いられ，1 W=1 J/s である．

この平均の仕事率の Δt を限りなく 0 に近づけると，

$$P = \lim_{\Delta t \to 0} \frac{\Delta W}{\Delta t} = \frac{dW}{dt}$$

となり，この P を（瞬間の）仕事率という．また，ある物体が力 $\boldsymbol{F}$ を受けながら運動していたとする．微小な時間 Δt での物体の変位を $\Delta \boldsymbol{r}$ とする．時間 Δt が微小であるならば，この間の物体にはたらく力 $\boldsymbol{F}$ は一定とみなせるので，力 $\boldsymbol{F}$ がした仕事は $\Delta W = \boldsymbol{F} \cdot \Delta \boldsymbol{r}$ である．よって，仕事率は

仕事率

$$P = \lim_{\Delta t \to 0} \frac{\boldsymbol{F} \cdot \Delta \boldsymbol{r}}{\Delta t} = \boldsymbol{F} \cdot \frac{d\boldsymbol{r}}{dt} = \boldsymbol{F} \cdot \boldsymbol{v}$$

となることがわかる．

例題 5.1　仕事

動摩擦係数 μ' の粗い水平面上に質量 m の物体が置いてある．重力加速度の大きさを g として，以下の問いに答えよ．

[1] 図 5.7 (a) のように，この物体に糸をつけ，水平右向きに大きさ T_1 の一定の力を加え続けて距離 s_1 だけ移動させた．

　(1) 糸の張力がした仕事 W_1 を求めよ．
　(2) 垂直抗力がした仕事 W_2 を求めよ．
　(3) 動摩擦力がした仕事 W_3 を求めよ．

[2] 図 5.7 (b) のように，水平より角度 θ だけ上向きに大きさ T_2 の一定の力を加え続けて距離 s_2 だけ移動させた．

　(1) 糸の張力がした仕事 W_4 を求めよ．
　(2) 動摩擦力がした仕事 W_5 を求めよ．

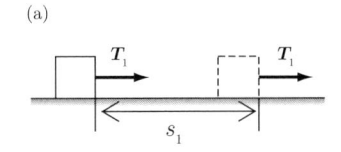

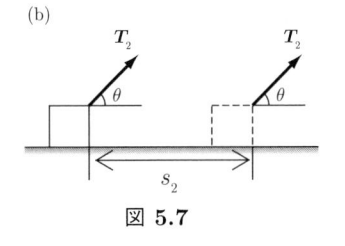

図 5.7

[解答]

[1] 物体に働く力は図 5.8 (a) のようになる．垂直抗力の大きさを N_1 とすると，鉛直方向の力のつり合いより，

$$N_1 = mg$$

である．

(1) $W_1 = T_1 s_1$

(2) $W_2 = 0$

(3) $W_3 = (-\mu' N_1) s_1 = -\mu' m g s_1$

[2] 物体に働く力は図 5.8 (b) のようになる．垂直抗力の大きさを N_2 とすると，鉛直方向の力のつり合いの式は，

$$T_2 \sin\theta + N_2 = mg$$

である．よって，

$$N_2 = mg - T_2 \sin\theta$$

(1) $W_4 = T_2 \cos\theta \cdot s_2$

(2) $W_5 = (-\mu' N_2) s_2 = -\mu'(mg - T_2 \sin\theta) s_2$

図 5.8

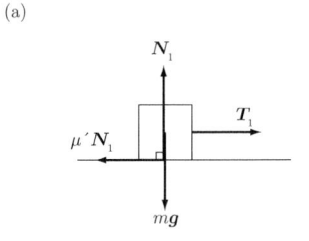

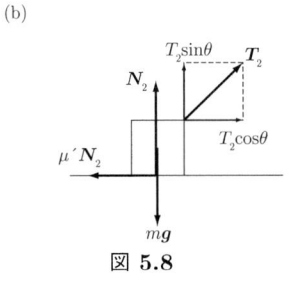

5.2　運動エネルギー

■ エネルギー

ある物体が仕事をする能力を持っているとき，その物体はエネルギーを持っているという．エネルギーの大きさは，その物体ができる仕事の大きさで表されるので，エネルギーの単位は仕事の単位と同じジュール（記号 J）である．

■ 運動エネルギー

運動エネルギー

運動している物体を静止している物体に衝突させると，静止している物体は動くので，運動している物体は仕事をすることができる．つまり，運動する物体はエネルギーを持っていると考えられる．このエネルギーを運動エネルギーという．

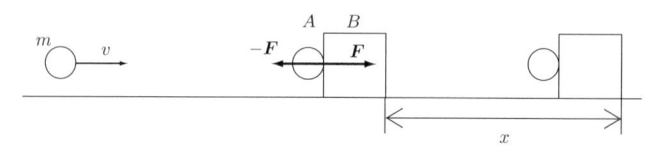

図 5.9

図 5.9 のように，速さ v で運動している質量 m の物体 A が，静止している物体 B に衝突した後，一定の力 F で押しながら距離 x だけ進んで静止したとする．この静止するまでの間に物体 A が物体 B にした仕事 $W = Fx$ が，衝突前の物体 A が持っていた運動エネルギーの大きさである．物体 A が物体 B から受ける力は $-F$ である．よって，物体 A の加速度を a とすると，物体 A についての運動方程式は，

$$ma = -F$$

である．また，物体 A は一定の力を受けながら等加速度直線運動するので，$0^2 - v^2 = 2ax$ である．これを上の式に代入して a を消去すると，

$$Fx = \frac{1}{2}mv^2$$

が得られる．よって，速さ v で運動している質量 m の物体が持つ運動エネルギー K は，

$$K = \frac{1}{2}mv^2$$

と表される．

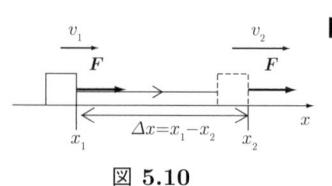

■ 仕事と運動エネルギーの関係

● 力 F が一定の場合．

図 5.10 のように，$x = x_1$ での速度を v_1，$x = x_2$ での速度を v_2 とする．力 F がした仕事は $W = F(x_2 - x_1) = F\Delta x$ であった．そこで，運動方

図 5.10

程式 $ma = F$ の両辺に Δx を掛けると，

$$ma\Delta x = F\Delta x$$

となり，右辺は物体がされた仕事 W となる．また，力が一定のとき，物体は等加速度運動するので $v_2^2 - v_1^2 = 2a\Delta x$ が成り立つ．よって，左辺 $= m \cdot \frac{1}{2}\left(v_2^2 - v_1^2\right) = \frac{1}{2}mv_2^2 - \frac{1}{2}mv_1^2$ となるので，

$$\frac{1}{2}mv_2^2 - \frac{1}{2}mv_1^2 = W$$

または

$$\frac{1}{2}mv_1^2 + W = \frac{1}{2}mv_2^2$$

という関係式が得られる．$\frac{1}{2}mv_1^2$ は仕事を加える前の物体が持つ運動エネルギー，$\frac{1}{2}mv_2^2$ は仕事を加えた後の物体が持つ運動エネルギーであるので，

物体が持つ運動エネルギーの変化量＝物体がされた仕事

となることがわかる．

- 力 F が変化する場合．

運動方程式 $m\frac{\mathrm{d}v}{\mathrm{d}t} = F$ の両辺に $v = \frac{\mathrm{d}x}{\mathrm{d}t}$ を掛けると，

$$mv\frac{\mathrm{d}v}{\mathrm{d}t} = F\frac{\mathrm{d}x}{\mathrm{d}t}$$

となり，両辺を t で積分すると，

$$\int_{t_1}^{t_2} mv\frac{\mathrm{d}v}{\mathrm{d}t}\mathrm{d}t = \int_{t_1}^{t_2} F\frac{\mathrm{d}x}{\mathrm{d}t}\mathrm{d}t$$

となる．ここで，

$$\text{左辺} = \int_{v_1}^{v_2} mv\,\mathrm{d}v = \left[\frac{1}{2}mv^2\right]_{v_1}^{v_2} = \frac{1}{2}mv_2^2 - \frac{1}{2}mv_1^2$$

$$\text{右辺} = \int_{x_1}^{x_2} F\,\mathrm{d}x = W$$

なので，この場合も同様に，

$$\frac{1}{2}mv_2^2 - \frac{1}{2}mv_1^2 = W$$

仕事と運動エネルギーの関係

という関係が得られる．

これまでは 1 次元運動を考え，仕事と運動エネルギーの関係について調べてきたが，2 次元および 3 次元運動の場合も同様の関係が成り立つ．

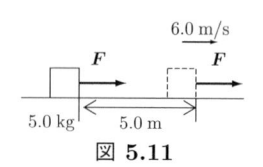

> **例題 5.2** 仕事と運動エネルギーの関係
>
> 図 5.11 のように，滑らかな水平面上に質量 5.0 kg の物体が置いてある．この物体に，一定の力 F を水平方向に加え 5.0 m 動かしたところ，物体の速さは 6.0 m/s になった．
>
> (1) この力がした仕事を求めよ．
>
> (2) この力の大きさを求めよ．
>
> (3) この物体を 5.0 m 動かすのにかかった時間を求めよ．
>
> (4) この力がした平均の仕事率を求めよ．

図 5.11

[解答]

(1) この力がした仕事 W は物体の運動エネルギーの変化量と等しくなるので，

$$W = \frac{1}{2} \times 5.0 \times 6.0^2 - \frac{1}{2} \times 5.0 \times 0^2 \\ = 90\,\text{J}$$

である．

(2) 力の大きさが一定なので，$W = F\Delta x$．よって，

$$F \times 5.0 = 90$$
$$F = 18\,\text{N}$$

である．

(3) 運動方程式 $ma = F$ より，この物体の加速度 a は，

$$a = \frac{18}{5} = 3.6\,\text{m/s}^2$$

である．物体に働く力が一定であるとき，この物体は等加速度運動するので $v = v_0 + at$ である．よって，

$$6 = 0 + 3.6 \times t$$
$$t = \frac{5}{3} \approx 1.7\,\text{s}$$

である．

(4) 平均の仕事率 $\bar{P}$ は，

$$\bar{P} = \frac{90}{\frac{5}{3}} = 54\,\text{W}$$

である．

5.3 保存力とポテンシャルエネルギー

■ 保存力と非保存力

質量 m の物体を図 5.12 の点 A から点 B まで移動させるとき，重力がした仕事を次のそれぞれの経路に沿って移動させた場合について求めてみよう．

- 経路 I（斜面に沿って：図 5.12 (a)）
  物体に働く重力の移動方向の成分は $mg\sin 45° = \dfrac{1}{\sqrt{2}}mg$，斜辺 AB の長さは $\sqrt{2}l$ なので，経路 I に沿って移動させたときの重力がした仕事 W_1 は，

$$W_1 = \frac{1}{\sqrt{2}}mg \cdot \sqrt{2}l = mgl$$

となる．

- 経路 II（A → C → B：図 5.12 (b)）
  A → C の移動では重力がした仕事は mgl，C → B の移動では重力がした仕事は 0 となるので，経路 II に沿って移動させたときの重力がした仕事 W_2 は，

$$W_2 = mgl + 0 = mgl$$

となる．

- 経路 III（点 O を中心とする半径 l の円周に沿って：図 5.12 (c)）
  物体の円弧に沿った変位を s とする．水平方向より θ の角をなす位置では，重力の移動方向の成分は $mg\cos\theta$ となるので，経路 III に沿って移動させたときの重力がした仕事 W_3 は，

$$W_3 = \int_A^B mg\cos\theta \, ds$$

と表すことができる．ここで，$s = l\theta$ より $\dfrac{ds}{d\theta} = l$ となるので，

$$W_3 = \int_0^{\frac{\pi}{2}} mg\cos\theta \cdot l \, d\theta = mgl \int_0^{\frac{\pi}{2}} \cos\theta \, d\theta = mgl$$

となる．

今，重力がした仕事を 3 つの経路に沿って移動させた場合について求めたが，その他の任意の経路に沿って移動させた場合でも点 A から点 B まで物体を移動させたときの重力がした仕事はすべて mgl となる．このように，物体をある位置から別の位置へ移動させたときに，物体に働くある力がした仕事の大きさが移動する経路によらず一定ならばその力を保存力といい，出発点と終点が同じであっても経路によって仕事の大きさが異なるならばその力

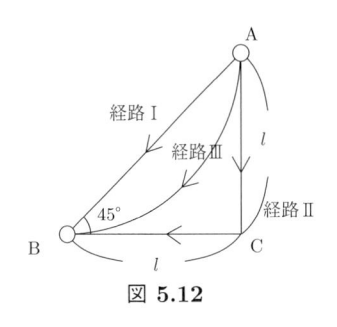

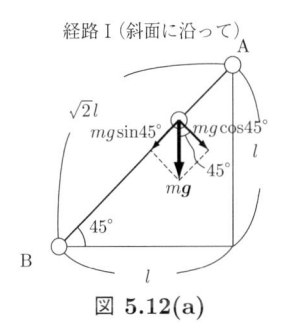

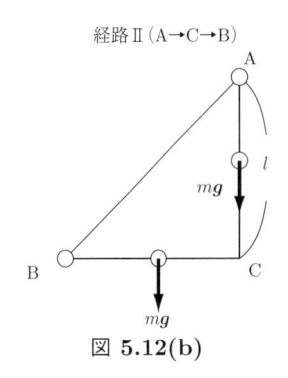

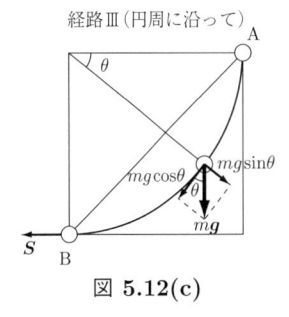

を非保存力という．保存力には重力の他に，ばねの弾性力，万有引力，静電気力などがある．それに対し非保存力には，摩擦力や空気抵抗などがある．

■ ポテンシャルエネルギー

力 $\boldsymbol{F}$ が保存力であれば，力 $\boldsymbol{F}$ がした仕事 W は途中の経路によらず 2 点 A, B の位置だけで決まる．つまり，点 A から点 B までどのような経路を通って移動するかとは無関係に，その物体が点 A にあるだけで点 B にあるときよりも W だけ仕事をする能力（エネルギー）を持っていると考えることができる．この W を点 B を基準としたときの点 A にある物体が持つ保存力 $\boldsymbol{F}$ によるポテンシャルエネルギー（または位置エネルギー）とよぶ．ここで，ポテンシャルエネルギーを決めるには，ポテンシャルエネルギーを 0 と考える基準を決めなければいけないことに注意しよう．また，ポテンシャルエネルギーは U，または物体の位置 A だけで決められる関数となるので $U(A)$ のように書き表す．

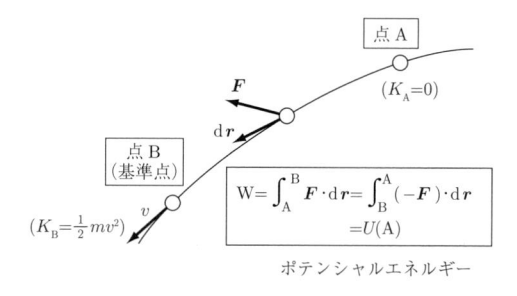

図 5.13

点 A にある物体が持つ保存力 $\boldsymbol{F}$ によるポテンシャルエネルギー $U(A)$ は，

ポテンシャルエネルギー

$$U(A) = \int_A^{(基準)} \boldsymbol{F} \cdot d\boldsymbol{r}$$

（ある位置 A から基準まで物体が移動するときの
保存力 $\boldsymbol{F}$ がした仕事）

または，

$$U(A) = \int_{(基準)}^A (-\boldsymbol{F}) \cdot d\boldsymbol{r}$$

（基準からある位置 A まで物体を静かに移動させたときの
保存力に逆らった力 $-\boldsymbol{F}$ がした仕事）

と表される．

■ ポテンシャルエネルギーの例

● 重力によるポテンシャルエネルギー

重力は鉛直下向きに働くので，地面に対して水平方向に動く物体には仕

5.3 保存力とポテンシャルエネルギー

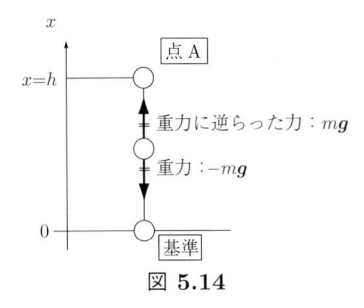

図 5.14

事をしない．よって，重力によるポテンシャルエネルギーは基準となる水平面を考えて，その面からの高さによって決まる．図 5.14 のように，鉛直上向きに x 軸をとり，$x = 0$ の位置を基準面とすると，点 A $(x = h)$ にある質量 m の物体が持つ重力によるポテンシャルエネルギーは，

$$U(A) = \int_0^h -(-mg)\mathrm{d}x = mgh$$

となる．ポテンシャルエネルギーの値は物体の位置が同じであっても基準のとり方によって異なる（図 5.15 (a)）．また，重力によるポテンシャルエネルギーの値は物体が基準面より上にあるときは正，基準面より下にあるときは負となる（図 5.15 (b)）．

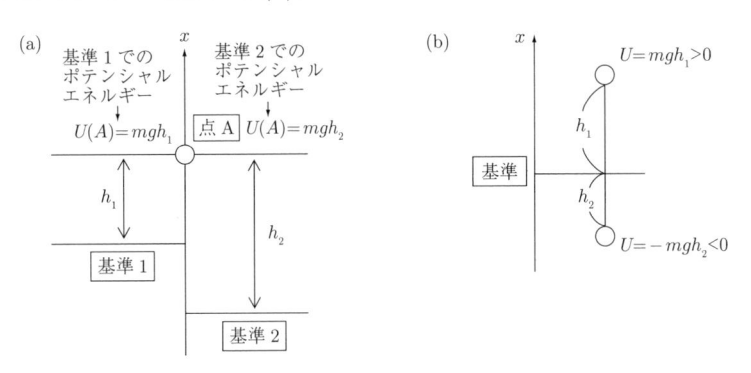

図 5.15

● ばねの弾性力によるポテンシャルエネルギー

図 5.16 のように x 軸をとり，ばねが自然の長さとなる位置を原点 O，この位置をポテンシャルエネルギーの基準とすると便利である．

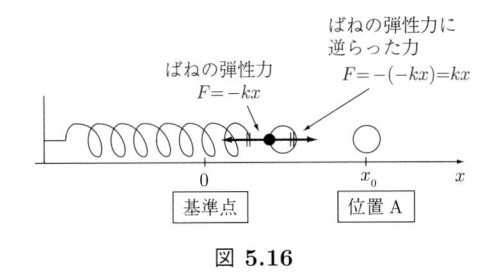

図 5.16

ばねを x_0 だけ伸ばしたときのばねの弾性力によるポテンシャルエネル

ギーを求めるためには，基準 O から位置 A（$x = x_0$）までばねを伸ばす間にばねの弾性力に逆らった力がした仕事を計算すればよい．ばねの弾性力は $F(x) = -kx$ であったので，

$$U(A) = \int_0^{x_0} -(-kx)\mathrm{d}x$$
$$= \left[\frac{1}{2}kx^2\right]_0^{x_0}$$
$$= \frac{1}{2}kx_0^2$$

となる．なお，ばねが x_0 だけ縮んだときも同様に考えて，ばねの弾性力によるポテンシャルエネルギー $U = \frac{1}{2}kx_0^2$ を得る事ができる．

- 万有引力によるポテンシャルエネルギー

質量 M の物体 A とそこから距離 r の点 P にある質量 m の物体 B の間には大きさ

$$F = G\frac{mM}{r^2}$$

の万有引力が働く．このとき，点 P にある物体 B が持つ万有引力によるポテンシャルエネルギーを求めてみよう．

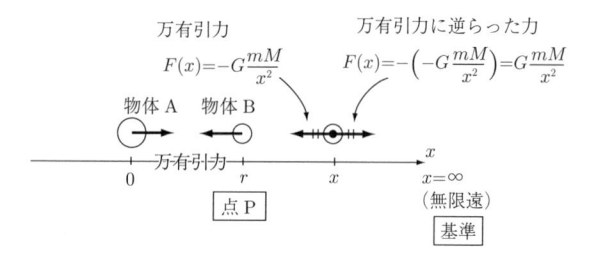

図 **5.17**

図 5.17 のように x 軸をとり，物体 A がある位置を原点 O とする．万有引力は $r \to 0$ とすると発散し，$r \to \infty$ とすると 0 に収束するので，ポテンシャルエネルギーの基準を無限遠（$x = \infty$）とすると便利である．物体 B が位置 x にあるときの万有引力 F は，その向きに注意して，

$$F = -G\frac{mM}{x^2}$$

となる．よって，物体が 点 P（$x = r$）にあるときの万有引力によるポテンシャルエネルギーは，基準（$x = \infty$）から位置 $x = r$ まで万有引力に逆らった力がした仕事を計算すればよいので，

$$U(P) = \int_\infty^r -\left(-G\frac{mM}{x^2}\right)\mathrm{d}x$$
$$= GmM \int_\infty^r \frac{1}{x^2}\mathrm{d}x$$
$$= GmM \left[-\frac{1}{x}\right]_\infty^r$$

$$= -G\frac{mM}{r}$$

となる．ポテンシャルエネルギー U と 2 物体間の距離 r の関係を表すグラフは図 5.18 のようになる．

■ **ポテンシャルエネルギーと力**

ポテンシャルエネルギーの求め方をいくつかの例を用いて示してきたが，逆にポテンシャルエネルギーが与えられると，それより力を求めることができる．

原点 O ($x = 0$) を基準としたとき，ある位置 x にある物体が持つ保存力 F によるポテンシャルエネルギー $U(x)$ は，

$$U(x) = \int_0^x (-F) \mathrm{d}x$$

であった．よって，保存力 F はポテンシャルエネルギー U を用いて，

$$F = -\frac{\mathrm{d}U}{\mathrm{d}x}$$

と表されることがわかる．

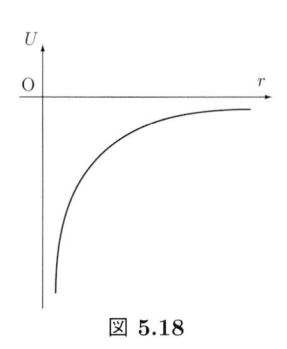

図 5.18

参考：ポテンシャルエネルギーと力の一般的な関係

一般に，保存力 $\boldsymbol{F}(x, y, z)$ によるポテンシャルエネルギー $U = U(x, y, z)$ が与えられているとき，保存力 $\boldsymbol{F}$ は，

$$\boldsymbol{F} = \left(-\frac{\partial U}{\partial x}, -\frac{\partial U}{\partial y}, -\frac{\partial U}{\partial z} \right)$$

となる．ここで，$\frac{\partial U}{\partial x}$ は y と z を一定に保ったままでの x に関する微分を表し，このような微分を偏微分という．

ポテンシャルエネルギーと力

> **例題 5.3** ポテンシャルエネルギー
>
> 次の問いに答えよ．
>
> [1] 地面より高さ h の位置に質量 m の物体がある．次のそれぞれの位置を基準としたとき，この物体が持つ重力によるポテンシャルエネルギーを求めよ．ただし，重力加速度の大きさを g とせよ．
>
> (1) 地面を基準としたとき．
>
> (2) 地面より高さ $h_1(<h)$ の位置を基準としたとき．
>
> (3) 物体より高さ h_2 だけ上方の位置を基準としたとき．
>
> [2] ばね定数 k のばねが x_1 だけ伸びたとき，および x_2 だけ縮んだときのばねの弾性力によるポテンシャルエネルギーを求めよ．ただし，ばねが自然の長さとなる位置をポテンシャルエネルギーの基準とする．

[解答]

[1] 図 5.19 (a) のように，鉛直上向きに y 軸をとり，地面の位置を原点 O とする．重力は鉛直下向きに大きさ mg となるので，重力に逆らった力 F は，

$$F = -(-mg) = mg$$

である．よって，

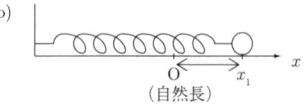

(1) $U_1 = \int_0^h mg\,dy = mgh$

(2) $U_2 = \int_{h_1}^h mg\,dy = mg(h - h_1) \quad (>0)$

(3) $U_3 = \int_{h+h_2}^h mg\,dy = mg\{h - (h+h_2)\} = -mgh_2 \quad (<0)$

[2] 図 5.19 (b) のように x 軸をとり，自然長の位置を原点 O とする．ばねの弾性力は $F(x) = -kx$ となるので，ばねを x_1 だけ伸ばしたときのばねの弾性力によるポテンシャルエネルギー U_4 は，

$$U_4 = \int_0^{x_1} -(-kx)dx = \left[\frac{1}{2}kx^2\right]_0^{x_1} = \frac{1}{2}kx_1^2$$

である．また，x_2 だけ縮めたときのばねの弾性力によるポテンシャルエネルギー U_5 は，

$$U_5 = \int_0^{-x_2} -(-kx)dx = \left[\frac{1}{2}kx^2\right]_0^{-x_2} = \frac{1}{2}kx_2^2$$

である．

図 5.19

5.4 力学的エネルギー保存の法則

■ 力学的エネルギー保存の法則

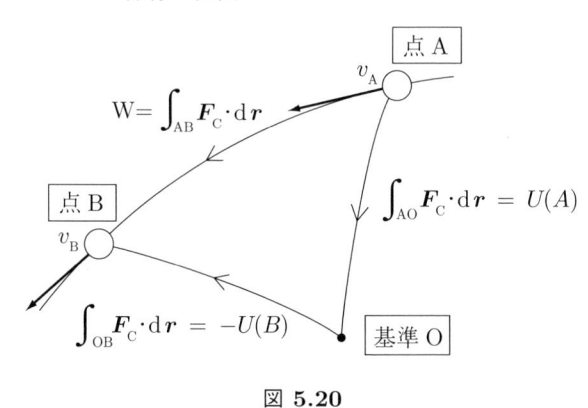

図 5.20

図 5.20 のように，質量 m の物体が保存力 $\boldsymbol{F}_c$ だけを受け，点 A から点 B まで運動したとする．点 A での速さを v_A，点 B での速さを v_B，保存力 $\boldsymbol{F}_c$ がした仕事を W とすると，運動エネルギーと仕事の関係は，

$$\frac{1}{2}mv_A^2 + W = \frac{1}{2}mv_B^2$$

であった．ここで，仕事 W はある任意の点 O を基準として，

$$\begin{aligned} W &= \int_A^B \boldsymbol{F}_c \cdot d\boldsymbol{r} \\ &= \int_A^O \boldsymbol{F}_c \cdot d\boldsymbol{r} + \int_O^B \boldsymbol{F}_c \cdot d\boldsymbol{r} \\ &= \int_A^O \boldsymbol{F}_c \cdot d\boldsymbol{r} - \int_B^O \boldsymbol{F}_c \cdot d\boldsymbol{r} \\ &= U(A) - U(B) \end{aligned}$$

とすることができる．$U(A)$ および $U(B)$ は点 O を基準としたときの保存力 $\boldsymbol{F}_c$ によるポテンシャルエネルギーを示す．よって，

$$\frac{1}{2}mv_A^2 + U(A) = \frac{1}{2}mv_B^2 + U(B)$$

力学的エネルギー保存の法則

となる．ここで，物体の運動エネルギーとポテンシャルエネルギーの和を力学的エネルギーという．またこの式は，物体が点 A から点 B まで運動するとき，どのような経路に沿って運動したとしても，

「点 A での運動エネルギーとポテンシャルエネルギーの和」
 =「点 B での運動エネルギーとポテンシャルエネルギーの和」

となることを示す．これを力学的エネルギー保存の法則という．物体に保存力以外の力が働いている場合でも，それらの力が仕事をしなければこの法則が成り立つ．つまり，物体に働く力が保存力だけであるとき，または保存力以外の力が働いていてもその力が仕事をしないとき，力学的エネルギー保存

の法則が成り立つ．

■ 非保存力がする仕事と力学的エネルギー

非保存力が仕事をする場合について考えてみよう．物体が点 A から点 B まで移動する間に保存力がした仕事を W_C，非保存力がした仕事を W_{NC} とすると，仕事と運動エネルギーの関係は，

$$\frac{1}{2}mv_A^2 + W_C + W_{NC} = \frac{1}{2}mv_B^2$$

となる．W_C はポテンシャルエネルギーを用いて $W_C = U(A) - U(B)$ とすることができたので，

$$\left\{\frac{1}{2}mv_A^2 + U(A)\right\} + W_{NC} = \left\{\frac{1}{2}mv_B^2 + U(B)\right\}$$

となる．つまり，物体に保存力以外の力が働くとき，その力がした仕事の量だけ力学的エネルギーが変化することがわかる．

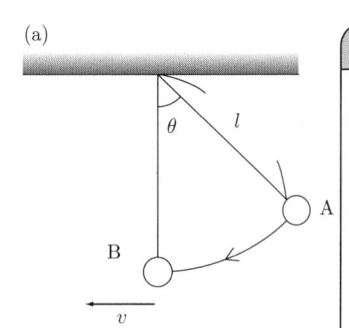

非保存力がする仕事と力学的エネルギー

例題 5.4　力学的エネルギー保存の法則

次の問いに答えよ．ただし，重力加速度の大きさは g とせよ．

[1] 図 5.21 (a) のように，糸の一端を天井に固定した長さ l の糸の先に，質量 m のおもりを取り付ける．糸が鉛直線と角度 θ をなす位置 A よりおもりを静かに放す．おもりが最下点 B を通過するときのおもりの速さを求めよ．

[2] 図 5.21 (b) のように，ばね定数 k のばねの一端を固定し，他端に質量 m の物体を押しつけて，ばねを x だけ縮めて放した．面はすべて滑らかであるとする．

(1) 物体が点 P を通過するときの速さ v を求めよ．

(2) 点 P を通過した後に滑らかにつながる斜面を昇っていったとすると，おもりが到達できる高さ h を求めよ．

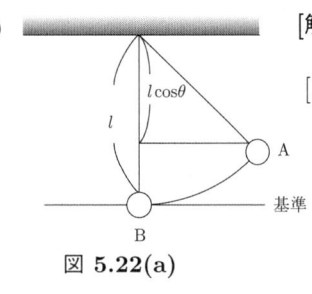

図 5.21

[解答]

[1] 図 5.22 (a) のように，最下点 B を重力によるポテンシャルエネルギーの基準とする．位置 A の高さは $l(1-\cos\theta)$．よって，最下点 B でのおもりの速さを v とすると力学的エネルギー保存の法則より，

$$\frac{1}{2} \times m \times 0^2 + mgl(1-\cos\theta) = \frac{1}{2} \times m \times v^2 + 0$$

$$v = \sqrt{2gl(1-\cos\theta)}$$

である．

図 5.22(a)

[2] (1) ばねを x だけ縮めた位置を A とする．

位置 A での

物体が持つ運動エネルギー　$K_A = 0$

物体が持つポテンシャルエネルギー　$U_A = \dfrac{1}{2}kx^2$

点 P での

物体が持つ運動エネルギー　$K_P = \dfrac{1}{2}mv^2$

物体が持つポテンシャルエネルギー　$U_P = 0$

よって，力学的エネルギー保存の法則より，

$$K_A + U_A = K_P + U_P$$
$$0 + \dfrac{1}{2}kx^2 = \dfrac{1}{2}mv^2 + 0$$
$$v = \sqrt{\dfrac{k}{m}}\,x$$

である．

(2) おもりが到達できる最高点を Q とする．

位置 Q での

物体が持つ運動エネルギー　$K_Q = 0$

物体が持つポテンシャルエネルギー　$U_Q = mgh$

よって，力学的エネルギー保存の法則より，

$$K_P + U_P = K_Q + U_Q$$
$$\dfrac{1}{2}mv^2 + 0 = 0 + mgh$$
$$h = \dfrac{v^2}{2g} = \dfrac{k}{2mg}x^2$$

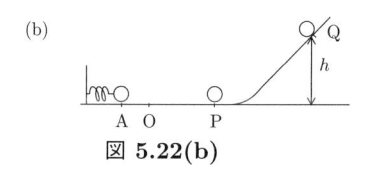

である．

図 5.22(b)

演習問題 A

5.1 仕事
図 5.23 のように，水平と 30° の角をなすなめらかな斜面上で，質量 10 kg の物体に斜面と平行上向きに力を加え，斜面に沿ってゆっくりと 5.0 m 引き上げた．加えた力の大きさおよびこの力がした仕事を求めよ．ただし，重力加速度の大きさを 9.8 m/s^2 とする．

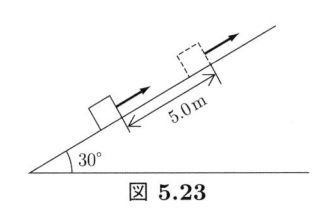

図 5.23

5.2 仕事
ある物体が x 軸上を力 F を受けながら点 A $(x = a)$ から点 B $(x = b)$ まで移動した．この力 F がした仕事を次のそれぞれの場合について求めよ．ただし，$a > 0$ および $b > 0$ とする．

(1) $F(x) = -kx$

(2) $F(x) = \dfrac{A}{x^2}$

5.3 仕事と運動エネルギーの関係
図 5.24 のように，動摩擦係数 μ' の粗い水平面上に質量 1.0 kg の物体が置いてある．この物体に初速度 4.0 m/s を与えて運動させたところ，2.0 m すべり静止した．重力加速度の大きさを 9.8 m/s^2 として，以下の各問いに答えよ．

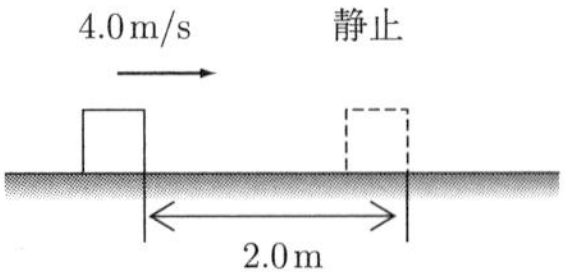

(1) 動摩擦力がした仕事を求めよ．

(2) 動摩擦力の大きさを求めよ．

(3) 動摩擦係数 μ' を求めよ．

図 5.24

5.4 ポテンシャルエネルギー
次の問いに答えよ．

[1] 1次元ポテンシャルエネルギー $U(x)$ が次の式で与えられるとき，位置 x に置かれた物体に働く力を求めよ．ただし，k および A は定数である．

(1) $U(x) = kx^2$ 　　　(2) $U(x) = -\dfrac{A}{x}$ $(x > 0)$

[2] 1次元ポテンシャルエネルギー $U(x)$ が図 5.25 のようになるとき，物体に働く力が 0 となる位置を求めよ．また，物体に働く力が正または負となる範囲をそれぞれ求めよ．

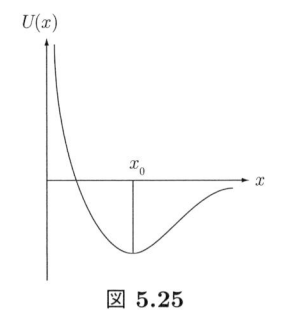

図 5.25

5.5 力学的エネルギー保存の法則

図 5.26 のように，ばね定数 k の軽いばねの一端を天井に固定し，他端に質量 m のおもりをつるす．重力加速度の大きさを g として，以下の各問に答えよ．

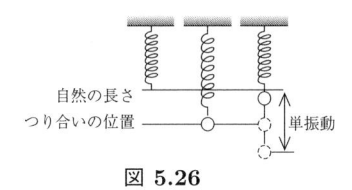

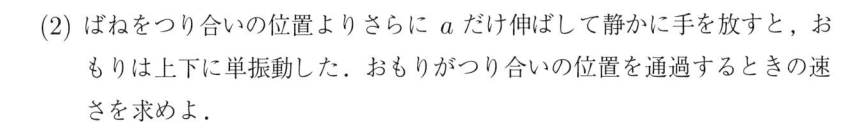

(1) つり合いの位置は，ばねが自然の長さよりどれだけ伸びた位置か．

(2) ばねをつり合いの位置よりさらに a だけ伸ばして静かに手を放すと，おもりは上下に単振動した．おもりがつり合いの位置を通過するときの速さを求めよ．

図 5.26

演習問題 B

5.6 仕事

図 5.27 のように，ある物体が $\boldsymbol{F}=(F_x, F_y)=(2\alpha xy, \beta x^2)$ の力を受けながら原点 O $(0,0)$ から点 P (a,b) まで移動したとき，この力がした仕事を次のそれぞれの経路の場合について求めよ．ただし，α および β は定数である．

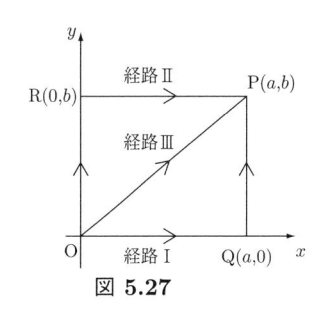

(1) 経路 I：O $(0,0)$ → Q $(a,0)$ → P (a,b)

(2) 経路 II：O $(0,0)$ → R $(0,b)$ → P (a,b)

(3) 経路 III：O $(0,0)$ → P (a,b) （直線 OP に沿って）

図 5.27

5.7 ポテンシャルエネルギー

一端を固定した長さ l の糸の他端に質量 m の物体を取り付け，鉛直面内で左右に振動させた．図 5.28 のように，振り子の最下点を原点 O とし，点 O から円弧に沿ってとった座標を x とする．重力加速度の大きさを g として，以下の問いに答えよ．

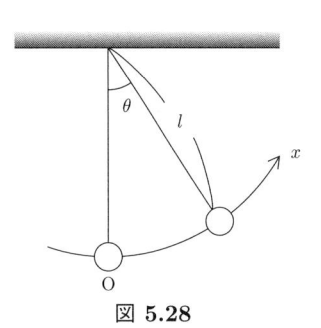

(1) 糸と鉛直線のなす角が θ であるとき，この物体が持つ重力によるポテンシャルエネルギー $U(\theta)$ を求めよ．ただし，最下点を重力によるポテンシャルエネルギーの基準とし，$-\dfrac{\pi}{2}<\theta<\dfrac{\pi}{2}$ とせよ．

(2) このポテンシャルエネルギー $U=U(\theta)$ のグラフを書け．

(3) θ が十分に小さいときには $\cos\theta \approx 1-\dfrac{1}{2}\theta^2$ と近似することができる．この近似式を用いて，振動が微小であるときはポテンシャルエネルギーが x^2 に比例することを示せ．

図 5.28

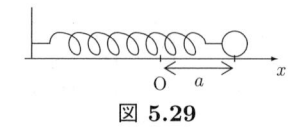

5.8 力学的エネルギー保存の法則

ばね定数 k の軽いばねを滑らかな水平台の上に置き，左端を壁に固定し右端には質量 m の物体を取り付けた．次にばねを a だけ伸ばし，時刻 $t=0$ のときに静かに手を放したところ，この物体は単振動した．図 5.29 のように x 軸をとり，ばねが自然の長さのときの物体の位置を原点とすると，この物体の運動は，

$$x(t) = a\cos\sqrt{\frac{k}{m}}t$$

と表すことができる．このことを用いて，この物体の運動エネルギー K とばねの弾性力によるポテンシャルエネルギー U の和が時刻 t によらず一定となることを示せ．

第6章 運動量と力積

デカルト (1596–1650, 仏)

前章までは物体に一定の力が働く場合を取り扱ってきた．しかし，ボールをバットで打つような場合においては，ボールとバットの短い接触時間の間に働く力が急激に変化するので，運動方程式を解いてボールの速度を知ることが，容易ではなくなる．このような場合，一般には，運動の勢いの程度を示す運動量を考えて取り扱うことになる．

本章では運動量と力積を中心に学ぶ．また，特定の条件下において運動量保存の法則が成立することについても学ぶ．

6.1 運動量

質量 m の質点が速度 $\bm{v}$ で運動しているとき，m と $\bm{v}$ の積を質点の**運動量**として定義する．運動量を $\bm{p}$ で表すと次式となる．

$$\bm{p} = m\bm{v}$$

運動量は，質点の質量が小さくても速度が速ければ，大きくなる．逆に，速度が遅くとも質量が増加すれば大きな運動量となる．また，運動量は速度と同じ方向をもつベクトル量でもある．

ボウリングのボールと発泡スチロールのボールを同じ速度でピンにぶつけてみる．軽い発泡スチロールのボールではピンは倒れないことが想像できるが，一方で重いボウリングのボールであればピンは勢いよく弾き飛ばされる．ピンを倒すにはぶつけるものの質量が大きく関係しており，質量と速度の積で定義される運動量は運動の勢いを表すのに適切な量であると考えられる．

運動量の単位は，キログラムメートル毎秒（記号 kg·m/s）となる．例えば，20 m/s の速さで走る質量 100 kg の自動車が持つ運動量は $100 \times 20 = 2000$ kg·m/s である．

ここで，質点に作用している力と運動量を結び付けてみる．質点に作用している力を $\bm{F}$ とすると，前章までに学んだ運動の法則より，

$$m\frac{\mathrm{d}\bm{v}}{\mathrm{d}t} = \bm{F}$$

を得ることができる．運動量の定義より，$\mathrm{d}\bm{p} = m\,\mathrm{d}\bm{v}$ であるから，これを代入して，

$$\frac{\mathrm{d}\bm{p}}{\mathrm{d}t} = \bm{F}$$

を得る．

質点に力が作用しないときは，

$$\frac{\mathrm{d}\boldsymbol{p}}{\mathrm{d}t} = \boldsymbol{0}$$

であるから，$\boldsymbol{p}$ は一定となる．外から力を受けない質点，すなわち $\boldsymbol{F} = \boldsymbol{0}$ のときの質点の運動量は時間変化しない．

6.2 運動量と力積

今，運動量と力の関係式を時刻 t_1 から t_2 まで積分すると，

$$\int_{t_1}^{t_2} \frac{\mathrm{d}\boldsymbol{p}}{\mathrm{d}t} dt = \int_{t_1}^{t_2} \boldsymbol{F}\, \mathrm{d}t$$

となる．左辺は

$$[\boldsymbol{p}]_{t_1}^{t_2} = \boldsymbol{p}_2 - \boldsymbol{p}_1 = \Delta \boldsymbol{p}$$

であり，運動量の変化そのものを表している．ここで $\boldsymbol{p}_1$ および $\boldsymbol{p}_2$ はそれぞれ時刻 t_1 および t_2 における運動量である．一方，右辺の

$$\boldsymbol{I} = \int_{t_1}^{t_2} \boldsymbol{F}\, \mathrm{d}t$$

力積　　は時刻 t_1 から t_2 までの間に質点が受けた力の総和を表しており，**力積**とよばれる．力をある時間作用させることによって，その分，運動量が変化することになる．力積の単位は，ニュートン秒（記号 N·s）である．質点の運動量変化は力 $\boldsymbol{F}$ による力積に等しく，以下のような表記が可能となる．

$$\Delta \boldsymbol{p} = \boldsymbol{I}$$

質点が壁に衝突したり，打撃を受けたりする場合は，短時間に非常に大きな力を受けることになる．瞬間的に短い時間だけ作用し，その時間内に質点の

撃力　　位置は変化せず，運動量が変化するような力を**撃力**とよんでいる．上式においては，撃力の力積はそれを受けた質点の運動量変化に等しいと言い換えることができる．撃力は，一般には，時間とともに変化する場合が多いが，平均の力 $\overline{\boldsymbol{F}}$ を定義し，撃力の働いた時間を $\Delta t = t_2 - t_1$ とすると，

$$\boldsymbol{I} = \overline{\boldsymbol{F}} \cdot \Delta t$$

のように力積を簡単化して表すことができる．

6.3 質点における運動量保存の法則

6.1 節で質点に力が作用しない場合，運動量は時間変化せず一定になることを述べた．すなわち，$\boldsymbol{F} = \boldsymbol{0}$ において，

$$\Delta \boldsymbol{p} = \boldsymbol{0}$$

であり，質点は静止しているか等速直線運動をしているかになる．これは力を受けない質点の運動量が保存されることを意味し，質点に対する**運動量保存の法則**という．

例題 6.1 | 運動量と力積

20 m/s の速さで直線運動している物体に，その運動の向きと同じ方向に 20 N の力を 30 秒間だけ加えたところ，物体の速さは 3 倍になった．物体の質量を求めよ．

[解答]

物体の質量を m とすると，運動量変化 Δp は

$$\Delta p = p_2 - p_1$$
$$= m(3 \times 20 - 20) = 40m \text{ kg} \cdot \text{m/s}$$

となる．力積 I は

$$I = \overline{F} \cdot \Delta t$$
$$= 20 \times 30 = 600 \text{ Ns}$$

$$40m = 600$$

であり，

$$m = 15 \text{ kg}$$

となる．

6.4 質点系の運動

多数の質点をひとまとめにしたときの運動について考えてみる．この「質点の集団」を**質点系**という．質点系の運動は**質量中心**とよばれる仮想質点を用いて考察することになる．

質量中心

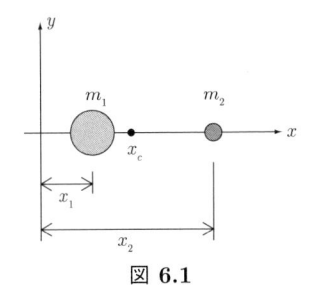

■ 質量中心または重心

質量中心は，質量分布の中心という意味であり，**重心**と表現されることも多い．図 6.1 に示すような 2 つの質点の質量中心は x 軸上のどこかの位置にあると推測できる．また，両方の質量が等しい場合は，質量中心は質点の中間位置にあると直観的に理解できるであろう．質量中心の x 座標を，2 つの質点の質量をそれぞれ m_1, m_2 として，式で表すと以下のようになる．

$$x_c = \frac{m_1 x_1 + m_2 x_2}{m_1 + m_2}$$

図 **6.1**

後述するが，質点系に作用する力の和を $\boldsymbol{F}$，質点系の全質量を M とすると，質量中心 x_c は $\boldsymbol{a} = \boldsymbol{F}/M$ で表される加速度運動を行うことになる．系

の重心の運動は質量中心に全質量を集めた単一質点（仮想質点）に力 $\boldsymbol{F}$ を作用させたときの運動と同じになるのである．

質量中心は3次元分布する質点系においては以下のように表現できる．

$$\boldsymbol{r}_c = \frac{\sum_i m_i \boldsymbol{r}_i}{M}$$

ここで M は質点系の全質量であり，

$$M = \sum_i m_i$$

で表される．また，$\boldsymbol{r}_i$ は i 番目の質点の位置ベクトルで，xyz 座標において，

$$\boldsymbol{r}_i = x_i \boldsymbol{i} + y_i \boldsymbol{j} + z_i \boldsymbol{k}$$

で定義される．

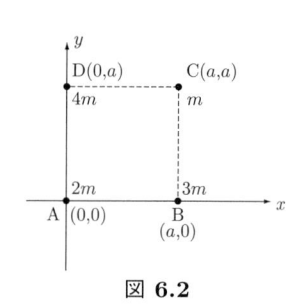

図 6.2

例題 6.2　質量中心

図 6.2 に示すように，1辺の長さが a の正方形 ABCD がある．A, B, C, D の各頂点にそれぞれ質量 $2m, 3m, m, 4m$ の物体があるときの質量中心の位置を求めよ．

[解答]

質量中心の座標を (x_c, y_c) とする．

$$x_c = \frac{2m \times 0 + 3m \times a + m \times a + 4m \times 0}{2m + 3m + m + 4m}$$
$$= \frac{4ma}{10m} = \frac{2}{5}a$$

$$y_c = \frac{2m \times 0 + 3m \times 0 + m \times a + 4m \times a}{2m + 3m + m + 4m}$$
$$= \frac{5ma}{10m} = \frac{1}{2}a$$

したがって，質量中心の座標 (x_c, y_c) は $\left(\dfrac{2}{5}a, \dfrac{1}{2}a\right)$ となる．

■ 質点系の運動量

図 6.3 に示すように，質点系における1つの質点 m_i に作用する力を考える．m_i が質点系内の他の質点 m_j から受ける力を**内力**とよぶ．内力をここでは $\boldsymbol{F}_{ij}$ と表す．また，m_i が質点系外の質点から受ける力を**外力**とよび，これを $\boldsymbol{F}_i$ で表す．

m_i に関する運動量の時間変化は，

$$\frac{d\boldsymbol{p}_i}{dt} = \sum_{j \neq i} \boldsymbol{F}_{ij} + \boldsymbol{F}_i$$

図 6.3

と示すことができる．ここで右辺第 1 項は $j = i$ を除いた j についての和を意味している．内力 $\boldsymbol{F}_{ij}$ に対しては作用・反作用の法則によって

$$\boldsymbol{F}_{ij} = -\boldsymbol{F}_{ji}, \quad \boldsymbol{F}_{ij} + \boldsymbol{F}_{ji} = \boldsymbol{0}$$

の関係が満たされる．

前項で示したように，質量中心は，

$$\boldsymbol{r}_c = \frac{\sum_i m_i \boldsymbol{r}_i}{M}$$

と示され，これを変形して，

$$M\boldsymbol{r}_c = \sum_i m_i \boldsymbol{r}_i$$

を得ることができる．この式の両辺を時間微分すると，

$$M\frac{\mathrm{d}\boldsymbol{r}_c}{\mathrm{d}t} = M\boldsymbol{v}_c = \sum_i m_i \frac{\mathrm{d}\boldsymbol{r}_i}{\mathrm{d}t}$$

となる．ここで $\boldsymbol{v}_c$ は**質量中心の速度**として定義したものである．この式の右辺は，質点系の各質点における運動量の総和を表したものであり，

$$\boldsymbol{P} = M\boldsymbol{v}_c = \sum_i \boldsymbol{p}_i$$

と表記できる．質点系の運動量は，その質点系の全質量 M と質量中心の速度 $\boldsymbol{v}_c$ との積に等しくなる．つまり，系の全質量が質量中心に集まってできた「仮想質点」の運動を考えればよいことになる．

上式をさらに時間微分すると，

$$\frac{\mathrm{d}\boldsymbol{P}}{\mathrm{d}t} = M\frac{\mathrm{d}\boldsymbol{v}_c}{\mathrm{d}t}$$

であり，内力と外力を用いて表現すると，

$$\frac{\mathrm{d}\boldsymbol{P}}{\mathrm{d}t} = \sum_i \sum_{j \neq i} \boldsymbol{F}_{ij} + \sum_i \boldsymbol{F}_i$$

となる．右辺において，先に述べたように内力の総和はゼロであり，外力の総和の項のみが残る．これを

$$\boldsymbol{F} = \sum_i \boldsymbol{F}_i$$

と表すと，

$$\frac{\mathrm{d}\boldsymbol{P}}{\mathrm{d}t} = \boldsymbol{F}$$

を得る．この式は質点系の運動量の時間変化が，質量中心を考えることにより，1 つの質点の場合と同じ形で表されることを意味している．つまり，質

点系の質量中心は，系の全質量に等しい仮想質点が外力 $\boldsymbol{F}$ を受けるときと同じ運動法則にしたがって運動する．

質点とは大きさを持たない理想化された点のことである．しかしながら，ここまで行ってきたいくつかの例題，演習問題の多くは大きさを持つ物体の運動に関するものであった．質量中心で運動を記述する方法は，暗黙のうちに例題，演習問題などに導入されていたことになる．

運動量保存の法則　　■ **質点系における運動量保存の法則**

質点系に外力が加えられないときは，質量中心は等速度運動を行う．また，外力が加えられたとしてもそれらの総和が $\boldsymbol{0}$ であれば，質点のみの場合と同様に全運動量は一定に保たれる．すなわち，

$$\frac{\mathrm{d}\boldsymbol{P}}{\mathrm{d}t} = \sum_i \boldsymbol{F}_i = \boldsymbol{F} = \boldsymbol{0}$$

となる．これを質点系に対する**運動量保存の法則**という．

例として，互いに力を及ぼしながら運動している質点 1 および 2 からなる 2 つの質点における運動量保存を考える．これら 2 質点には外力は働かないものとする．なお，それぞれの質点の質量 m，速度 $\boldsymbol{v}$，運動量 $\boldsymbol{p}$ は添え字 1，2 をつけて表す．

質点 2 が質点 1 に及ぼす内力を $\boldsymbol{F}_{12}$ とすると，質点 1 に関する運動方程式は，

$$m_1 \frac{\mathrm{d}\boldsymbol{v}_1}{\mathrm{d}t} = \frac{\mathrm{d}\boldsymbol{p}_1}{\mathrm{d}t} = \boldsymbol{F}_{12}$$

となる．質点 2 に関する運動方程式は，質点 1 が質点 2 に及ぼす内力を $\boldsymbol{F}_{21}$ として，

$$m_2 \frac{\mathrm{d}\boldsymbol{v_2}}{\mathrm{d}t} = \frac{\mathrm{d}\boldsymbol{p}_2}{\mathrm{d}t} = \boldsymbol{F}_{21}$$

である．作用反作用の法則から，

$$\boldsymbol{F}_{12} = -\boldsymbol{F}_{21}$$

であり，それぞれの運動方程式をたし合わせると，

$$\frac{\mathrm{d}\boldsymbol{P}}{\mathrm{d}t} = \frac{\mathrm{d}\boldsymbol{p}_1}{\mathrm{d}t} + \frac{\mathrm{d}\boldsymbol{p}_2}{\mathrm{d}t} = \boldsymbol{F}_{12} + \boldsymbol{F}_{21} = \boldsymbol{0}$$

が成立する．ここで $\boldsymbol{P} = \boldsymbol{p}_1 + \boldsymbol{p}_2$ である．全運動量 $\boldsymbol{P}$ の時間変化量がゼロであることから，

$$\boldsymbol{P} = \boldsymbol{p}_1 + \boldsymbol{p}_2 = \text{一定}$$

でなければならない．質点間では運動量の移動が生じる可能性はあるが，2 質点をまとめて考えると，その全運動量は初期の全運動量に等しく保存されることになる．

質点 1 および 2 において，任意の時間が経過した後の速度がそれぞれ $\boldsymbol{v}'_1$，$\boldsymbol{v}'_2$ になったとすると，運動量保存の法則により，

$$m_1\boldsymbol{v}_1 + m_2\boldsymbol{v}_2 = m_1\boldsymbol{v}_1' + m_2\boldsymbol{v}_2'$$

を得ることができる．2 質点が衝突するような場合においても，外力が作用せず両者の間に働く内力のみが作用していれば，衝突の形態に関わらず全運動量は常に一定となる．

例題 6.3　運動量保存の法則

水面上に浮かべられた質量 80 kg のボートに質量 40 kg の人が乗っている．今，人がボートから質量 6 kg の石を 2 m/s の速さで水面に平行に投げたとする．ボートが後退する速さを求めよ．

[解答]
石を投げる前のボートの速さはゼロである．ボートの速さを v とすると，運動量保存の法則により，

$$0 = 6 \times 2 + (80 + 40) \cdot v$$

となる．これより，

$$v = -\frac{12}{120} = -0.1\,\mathrm{m/s}$$

が求められる．したがってボートは石と反対方向に速さ 0.1 m/s で動く．

6.5　衝　突

ここでは質点が何らかの物体に衝突した場合，あるいは質点同士が衝突した場合にどのようなことが生じるのか考えてみる．

■ 反発係数（はねかえり係数）

図 6.4 に示すように，速度 $\boldsymbol{v}_1$ で運動する質量 m の質点が固定壁に衝突し，逆方向に速度 $\boldsymbol{v}_2$ ではね返されたとする．質点は衝突の瞬間に壁から抗力 $\boldsymbol{R}$ を受け，その効果は次式のように力積で示される．

$$\boldsymbol{I} = \int_{t_1}^{t_2} \boldsymbol{R}\,dt = m\boldsymbol{v}_2 - m\boldsymbol{v}_1$$

衝突は一直線上でのみで起こると仮定して，速度，抗力をスカラー表示すると，

$$I = \int_{t_1}^{t_2} N\,dt = mv_2 - mv_1$$

となる．ここで N は垂直抗力を表している．質点が壁などの物体に衝突するときの速度と衝突後の速度の比，

$$-\frac{v_2}{v_1} = e$$

は，一般に，衝突する物体の性質で決まるとされ，v_1 および v_2 の大きさに

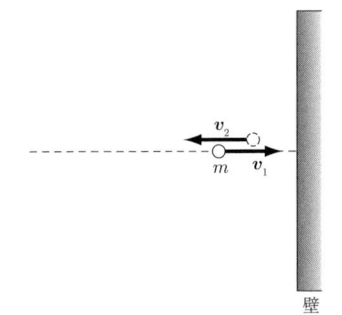

図 6.4

無関係であるとされている．e を **反発係数（はねかえり係数）** という．反発係数 e は，一般には，

反発係数

$$0 < e < 1$$

の範囲をとり，この衝突を **非弾性衝突** という．また，理想的な場合を考え，$e=1$ のときを **完全弾性衝突**，$e=0$ のときを **完全非弾性衝突** という．

ところで，速度 v_1, v_2 を e を使って表すと，

$$v_2 = -ev_1$$

となり，この式を用いて力積の大きさを表現すると，

$$|I| = |mv_2 - mv_1| = (1+e)m|v_1|$$

となる．$e=1$ の場合は，

$$|I| = 2m|v_1|$$

$e=0$ では，

$$|I| = m|v_1|$$

となる．

■ **2質点の衝突** （完全弾性衝突）

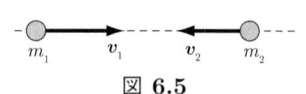

図 6.5 に示すように，外力の作用していない質量 m_1 および m_2 の 2 つの質点の衝突を考える．2 つの質点は，最初，それぞれ v_1 および v_2 の速度で運動している．一直線上のみで生じる完全弾性正面衝突 ($e=1$) を仮定して，衝突後の速度 v_1' および v_2' を求めてみる．

2 つの質点には外力が働いていないので，全運動量は運動量保存の法則にしたがい，衝突の前後で変化しない．すなわち，

$$\boldsymbol{p}_1 + \boldsymbol{p}_2 = \boldsymbol{p}_1' + \boldsymbol{p}_2'$$

であり，

$$m_1 v_1 + m_2 v_2 = m_1 v_1' + m_2 v_2'$$

となる．完全弾性衝突であり，この場合，2 質点の運動エネルギーも保存される．したがって，

$$\frac{1}{2}m_1 v_1^2 + \frac{1}{2}m_2 v_2^2 = \frac{1}{2}m_1 v_1'^2 + \frac{1}{2}m_2 v_2'^2$$

と表記できる．1/2 を消去し，因数分解すると，

$$m_1(v_1 - v_1')(v_1 + v_1') = m_2(v_2' - v_2)(v_2' + v_2)$$

運動量保存の法則に関する式を用いると，次の結果が得られる．

$$v_1 + v_1' = v_2' + v_2$$

図 6.5

したがって，
$$\frac{v_1' - v_2'}{v_1 - v_2} = -1$$
の関係が導出される．これは先に示した衝突前後の速度比を示しており，反発係数を用いると，
$$\frac{v_1' - v_2'}{v_1 - v_2} = -e$$
と表される．$e=1$ の場合，この関係と運動量保存の法則に関する式を用いて v_1' および v_2' について解くと
$$v_1' = \frac{m_1 - m_2}{m_1 + m_2}v_1 + \frac{2m_2}{m_1 + m_2}v_2$$
$$v_2' = \frac{2m_1}{m_1 + m_2}v_1 + \frac{m_2 - m_1}{m_1 + m_2}v_2$$
を得ることができる．

今，仮に 2 質点の質量が等しいとする ($m_1 = m_2$)．この場合，上式は
$$v_1' = v_2$$
$$v_2' = v_1$$
となり，速度を交換する．仮に m_2 の質点が静止していれば，衝突によって m_2 の質点は速度 v_1 で運動することになる．これはビリヤードのボールが正面衝突した際にしばしば見かける現象である．

例題 6.4 2 質点の衝突（非弾性衝突）

図 6.6 において，完全非弾性衝突 ($e=0$) であった場合の速度 v_1' および v_2' を求めよ．

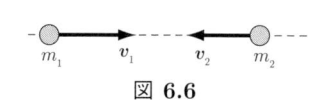

図 6.6

[解答]

運動量保存の法則により，
$$m_1 v_1 + m_2 v_2 = m_1 v_1' + m_2 v_2'$$
反発係数 e は
$$\frac{v_1' - v_2'}{v_1 - v_2} = -e$$
であり，両式を v_1'，v_2' について解くと，
$$v_1' = v_1 + \frac{m_2(1+e)}{m_1 + m_2}(v_2 - v_1)$$
$$v_2' = v_2 - \frac{m_1(1+e)}{m_1 + m_2}(v_2 - v_1)$$
が得られる．今，完全非弾性衝突 ($e=0$) であるので，
$$v_1' = v_2' = \frac{m_1 v_1 + m_2 v_2}{m_1 + m_2}$$
となり，2 質点が衝突後に一体化して同じ速さで運動することになる．

演習問題 A

6.1 運動量と力積

地上と平行に 1 m の高さを 30 m/s の速度で飛来してきた質量 0.15 kg のボールをバットで打ち返した．このとき，ボールは飛来方向と逆方向に水平に飛び，前方 10 m のところに落ちた．バットがボールに与えた力積を求めよ．ただし，ボールの大きさ，空気抵抗は無視してよい．

6.2 運動量と力積

ガラス製の水槽に，20 kg 程度の比較的重い物体を乗せても水槽は割れないが，20 kg よりも軽い金づちで打つと割れてしまうことがある．なぜか説明せよ．

6.3 運動量と力積

1 秒間に 20 発の弾丸を発射する機関銃がある．この機関銃を固定された板に向けて発射したとする．弾丸の質量は 0.2 kg，速度 800 m/s であり，弾丸は固定板で止まり，反射することもなく貫通することもないとする．固定板が倒れないように，支えるために必要な力の大きさを求めよ．

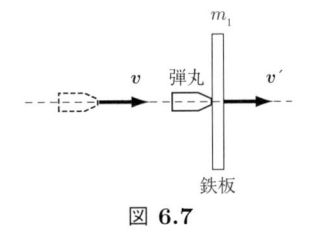

6.4 運動量保存の法則

静止している質量 m_1 の鉄板がある．今，質量 m_2 の弾丸が，図 6.7 に示すように，一直線上に速さ v で飛んできて鉄板に突き刺さった．鉄板が動き出す速さ v' を求めよ．

図 6.7

6.5 衝突

質量 m_1, m_2 の 2 つの質点が v_1 および v_2 の速度で正面衝突し，それぞれ v'_1 および v'_2 の速度に変化したとする．以下の問いに答えよ．

(1) 反発係数 e を示せ．

(2) 各質点の衝突後の速度 v'_1 および v'_2 を反発係数 e を使って示せ．

(3) 衝突によって失われた運動エネルギーを示せ．

演習問題 B

6.6 運動量と力積

地上と平行に $v_1 = 35$ m/s の速さで飛来してきた質量 0.20 kg のボールをバットで打ち返したところ，ボールは前上方 60 度で速さ $v_2 = 45$ m/s で飛んでいった．接触時間は $\Delta t = 0.002$ 秒であり，ボールの大きさ，空気抵抗を無視し，以下の問いに答えよ．

(1) 打撃前のボール（投球）がもっていた運動量の大きさを求めよ．

(2) 打撃後のボール（打球）がもつ運動量の大きさを求めよ．

(3) 打撃前後の速度変化 $\Delta \bm{v} = \bm{v}_1 - \bm{v}_2$ の大きさを求めよ．

(4) ボールが受けた力積の大きさを求めよ．

6.7 運動量保存の法則

静止している質点 2 に速度 $\bm{v}$ で質点 1 を衝突させたところ，質点 1 および 2 は図 6.8 に示すような運動を行った．質点 1, 2 の質量を m として，衝突後の速度 $\bm{v}_1$ および $\bm{v}_2$ の大きさを求めよ．

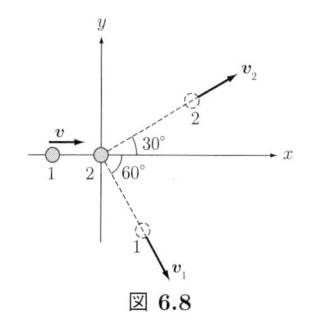

図 6.8

第7章 角運動量と力のモーメント

長岡半太郎 (1865–1950, 日)

これまで直線運動を主に取り扱ってきたが，私たちの身の周りには観覧車のような固定軸を中心とする円運動，ブランコのような一定周期でゆれる運動など，様々な運動形態がある．本章では回転運動の勢いの程度を示す角運動量について学ぶ．

7.1 質点系の回転運動

■ 回転運動の方程式

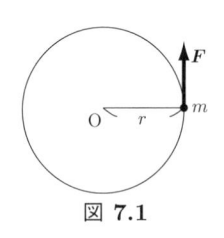

質点の等速円運動においては，円の中心方向に向心加速度が生じることを第2章 2.2 節で述べた．等速ではない円運動をしている質点においては，加速度 a には中心方向の成分以外に接線方向を向いた成分が生じる．今，図 7.1 に示すように，固定軸の中心 O から位置 r にある質点 m が円運動しており，円周の接線方向に外力 F を作用させたとする．質点の加速度 a と外力 F との関係は運動方程式より，

$$ma = F$$

で表される．今，速度変化の方向を接線方向のみに限定して考え，この加速度を a_t とする．質点の速度を v ($v = |v|$) とすると，加速度 a_t の大きさ a_t は，

$$a_t = \frac{dv}{dt}$$

と表すことができる．この式は 2.2 節で示した $v = r\omega$ の関係より，

$$a_t = \frac{dv}{dt} = r\frac{d\omega}{dt} = r\beta$$

と変形できる．ここで $\beta = d\omega/dt$ は角加速度とよばれる．接線方向の運動方程式は，

$$mr\frac{d\omega}{dt} = F$$

となり，両辺に r をかけることによって，

$$mr^2\frac{d\omega}{dt} = rF$$

を得ることができる．ここで右辺は中心 O に対する**力のモーメント**とよばれ，

力のモーメント

$$N = rF$$

で表すことができ，

$$mr^2 \frac{d\omega}{dt} = N$$

と書きなおすことができる．質点の回転運動において，力のモーメント N が一定であれば，角加速度も一定となることがわかる．

回転運動は力のモーメントを導入して考えるのが合理的である．なぜなら，物体の回転運動は物体に働く力の大きさのみではなく，力が作用する線や支点との位置関係によって決定されるからである．シーソーでバランスをとりながら遊ぶためには，子供の体重と座る位置が重要であることが知られているが，これは力のモーメントを変化させていることに他ならない．

図 7.2 に示すように，細い棒の端に糸をつけ，点 O を軸にして力 F を加えたとする．点 O に対する力のモーメントの大きさは

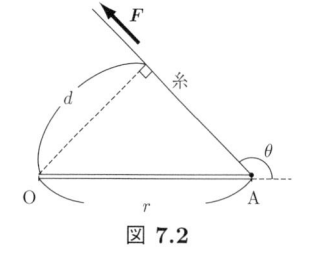

$$N = dF$$

で与えられる．したがって，力 $\bm{F}$ の作用点 A までの距離を r, OA の延長線から力 $\bm{F}$ の向きとの角を θ として，力のモーメントは

$$N = rF \sin\theta$$

と表すことができる．

質点に作用する力 $\bm{F}$ と距離 $\bm{r}$（位置ベクトル）は双方共にベクトル量である．この2つのベクトルの積の大きさが $rF\sin\theta$ で与えられているのであり，第1章で述べたベクトルの外積を参照すると，N の大きさを

$$|\bm{N}| = rF \sin\theta$$

と示すことができる．したがって，力のモーメントは

$$\bm{N} = \bm{r} \times \bm{F}$$

のようにベクトル積で表示することができる．

図 7.2

7.2 角運動量と力のモーメント

質量 m の質点の運動量 $\bm{p} = m\bm{v}$ に m の位置ベクトル $\bm{r}$ を前からベクトル積した量をその質点の角運動量と定義する．角運動量 $\bm{L}$ は，

$$\bm{L} = \bm{r} \times m\bm{v} = \bm{r} \times \bm{p}$$

となる．$\bm{L}$ は $\bm{p}$ と $\bm{r}$ の両方に垂直であり，向きは $\bm{r}$ から $\bm{p}$ の向きに右ネジをまわしたときに進む方向となる（図 7.3 参照）．上式を時間 t について微分すると，

$$\frac{d\bm{L}}{dt} = \frac{d\bm{r}}{dt} \times \bm{p} + \bm{r} \times \frac{d\bm{p}}{dt}$$

角運動量

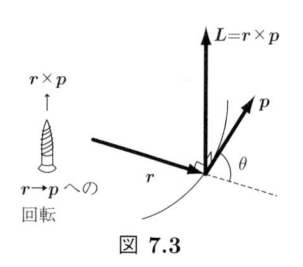

図 7.3

$$= \frac{d\bm{r}}{dt} \times m\frac{d\bm{r}}{dt} + \bm{r} \times \frac{d\bm{p}}{dt}$$

を得ることができる．右辺第1項のベクトル積はゼロ（平行なベクトル同士の積）であり，第6章で述べた運動量と力の関係により，

$$\frac{d\bm{p}}{dt} = \bm{F}$$

であるから，角運動量の時間変化を

$$\frac{d\bm{L}}{dt} = \bm{N}, \quad \bm{N} = \bm{r} \times \bm{F}$$

と示すことができる．$\bm{N}$ は先に述べた力のモーメントである（原点に対しての力のモーメント）．角運動量の時間変化率は質点に作用する力のモーメントに等しくなることがわかる．

今，細い糸の一端に質量 m の物体が取り付けられ，固定された O を中心に反時計方向に等速円運動が行われたとする（図7.4参照）．この回転運動は糸の長さ r が長ければ長いほど，勢いを持つことが直観的に理解できるであろう．角運動量 $\bm{L}$ の大きさは，物体の運動量 $\bm{p} = m\bm{v}$ の大きさが一定であることから，

$$L = rmv$$

と表すことができる．速度の大きさは $v = r\omega$ であり，これを代入すると

$$L = mr^2\omega$$

と示すこともできる．

運動量の大きさ p が運動の勢いを表した量であるのと同様に，角運動量の大きさ L は「回転運動の勢い」を表す量になる．先のシーソーの例でも示したように，角運動量は力が作用する線，支点との位置関係と運動量との積で決まる量となっている．単位はキログラム平方メートル毎秒（記号 $kg \cdot m^2/s$）である．

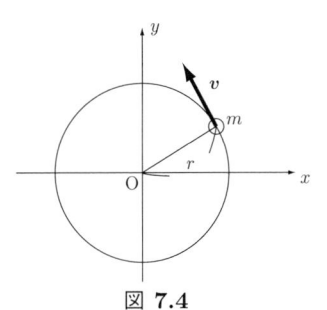

図 7.4

例題 7.1 角運動量

図7.5に示すように，質量 m の質点が xy 平面で直線運動をしている．原点 O に対しての質点の角運動量の大きさと方向を求めよ．

[解答]

角運動量は

$$\bm{L} = \bm{r} \times \bm{p} = rmv\sin\theta(-\bm{k})$$
$$= -(rmv\sin\theta)\bm{k}.$$

したがって，$\bm{L}$ の大きさ L は，

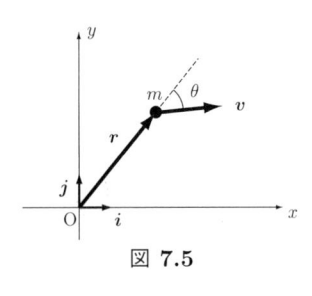

図 7.5

$$L = rmv\sin\theta$$

方向は紙面の表面から裏面の向きとなる．

7.3 角運動量保存の法則

原点 O のまわりの力のモーメントが $\boldsymbol{0}$ である場合は，

$$\frac{\mathrm{d}\boldsymbol{L}}{\mathrm{d}t} = \boldsymbol{0}$$

角運動量保存の法則

となり，角運動量 $\boldsymbol{L}$ は常に一定となる．これを**角運動量保存の法則**という．

後述するように，中心力では力 $\boldsymbol{F}$ と位置ベクトル $\boldsymbol{r}$ が平行となるため，力のモーメント $\boldsymbol{N}$ は $\boldsymbol{N} = 0$ となり，角運動量は保存される．

例題 7.2 | 角運動量保存の法則

長さ r の細い糸の一端に質量 m の質点が取り付けられ，固定された O を中心に速さ v で同一平面内において等速円運動が行われている（図 7.6 参照）．今，原点 O を固定したまま，糸の長さをゆっくりと r' まで縮めた場合の質点の速さ v' を求めよ．

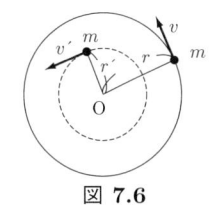

図 7.6

[解答]

外力は質点の運動の接線方向には働いていないので，角運動量保存の法則により

$$L = rmv = r'mv'$$

が成立する．したがって，

$$v' = \frac{r}{r'}v.$$

■ 中心力を受ける質点の角運動量

図 7.7 に示すように，中心 O を原点とすると，中心力は中心からの距離 r によって変化することになり，次式のように表される．

$$\boldsymbol{F} = F(r)\frac{\boldsymbol{r}}{r}$$

中心力が作用する場合の運動を記述するためには，先に述べた角運動量に関する運動方程式を使用するのが都合良い．

$$\frac{\mathrm{d}\boldsymbol{L}}{\mathrm{d}t} = \boldsymbol{N}$$

右辺の力のモーメントは，

$$\boldsymbol{N} = \boldsymbol{r} \times \boldsymbol{F} = \boldsymbol{r} \times \left\{ F(r)\frac{\boldsymbol{r}}{r} \right\}$$

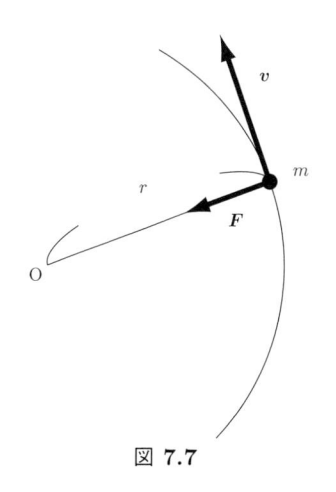

で表され，$\boldsymbol{F}$ と $\boldsymbol{r}$ が平行になるので，$\boldsymbol{N} = \boldsymbol{0}$ となる．したがって，

図 7.7

$$\frac{\mathrm{d}\boldsymbol{L}}{\mathrm{d}t} = \boldsymbol{0}$$

より，中心力を受けて運動する質点の中心に関する角運動量は保存されることになる．

■ **質点系の角運動量**

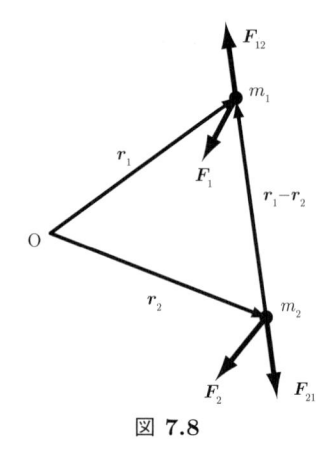

今，外力が作用し，また互いに内力を及ぼし合いながら運動している質点1および2からなる2質点を考える（図7.8参照）．

質点2が質点1に及ぼす内力を $\boldsymbol{F}_{12}$，質点1が質点2に及ぼす内力を $\boldsymbol{F}_{21}$ すると，それぞれの質点に関する運動方程式は，

$$\frac{\mathrm{d}\boldsymbol{p}_1}{\mathrm{d}t} = \boldsymbol{F}_{12} + \boldsymbol{F}_1$$
$$\frac{\mathrm{d}\boldsymbol{p}_2}{\mathrm{d}t} = \boldsymbol{F}_{21} + \boldsymbol{F}_2$$

となる．ここで，$\boldsymbol{F}_1$, $\boldsymbol{F}_2$ はそれぞれの質点にはたらく外力である．両質点の位置ベクトルをそれぞれ $\boldsymbol{r}_1$, $\boldsymbol{r}_2$ として，原点Oのまわりのモーメントをたし合わせる．

$$\boldsymbol{r}_1 \times \frac{\mathrm{d}\boldsymbol{p}_1}{\mathrm{d}t} + \boldsymbol{r}_2 \times \frac{\mathrm{d}\boldsymbol{p}_2}{\mathrm{d}t} = \boldsymbol{r}_1 \times (\boldsymbol{F}_{12} + \boldsymbol{F}_1) + \boldsymbol{r}_2 \times (\boldsymbol{F}_{21} + \boldsymbol{F}_2)$$

$\boldsymbol{L}_1$ および $\boldsymbol{L}_2$ をそれぞれ質点1, 2の角運動量として，全角運動量 $\boldsymbol{L} = \boldsymbol{L}_1 + \boldsymbol{L}_2$ とすれば，上式は，

$$\frac{\mathrm{d}\boldsymbol{L}}{\mathrm{d}t} = \boldsymbol{r}_1 \times \boldsymbol{F}_1 + \boldsymbol{r}_2 \times \boldsymbol{F}_2$$

となる（**演習問題 7.4** 参照）．ここで右辺は外力のモーメントであり，

$$\boldsymbol{N} = \boldsymbol{r}_1 \times \boldsymbol{F}_1 + \boldsymbol{r}_2 \times \boldsymbol{F}_2 = \boldsymbol{N}_1 + \boldsymbol{N}_2$$

として，

$$\frac{\mathrm{d}\boldsymbol{L}}{\mathrm{d}t} = \boldsymbol{N}$$

を得ることができる．

今，外力が作用していないか，作用していても $\boldsymbol{r}_1 \times \boldsymbol{F}_1 + \boldsymbol{r}_2 \times \boldsymbol{F}_2 = 0$ のとき，

$$\frac{\mathrm{d}\boldsymbol{L}}{\mathrm{d}t} = \boldsymbol{0}$$

となり全角運動量は保存される．

同様の結果は2つの質点のみで成立するのではなく，質点系においても得ることができる．すなわち，全角運動量 $\boldsymbol{L}$ および全外力のモーメント $\boldsymbol{N}$ を

$$\boldsymbol{L} = \sum_i \boldsymbol{L}_i, \quad \boldsymbol{N} = \sum_i \boldsymbol{N}_i$$

とおいて，

$$\frac{\mathrm{d}\boldsymbol{L}}{\mathrm{d}t} = \boldsymbol{N}$$

図 7.8

が常に成立する．L は回転の特徴を表す物理量であり，この運動方程式は質点系の回転運動の記述に用いることができる．特に $N = 0$ であるならば，

$$\frac{dL}{dt} = 0$$

であり，角運動量保存の法則が成立する．

■ **質量中心の運動と質量中心に相対的な運動**

質点系の運動は，質点のみの運動とは異なり，2つの基本的な運動の合成であると考えられる．1つは質量中心の並進運動であり，質点系の全質点が同じ方向に同じ距離だけ移動する運動のことを示す．並進運動は，第6章で示したように，質量中心に全ての質量が集中しているとみなして運動方程式をたてることによって記述することができる．すなわち，

$$\frac{dP}{dt} = M\frac{d^2 r_c}{dt^2} = \sum_i F_i$$

ここで P は全質点における運動量の総和，M は質点系の全質量，r_c は質量中心の位置ベクトル，$\sum F_i$ は全質点が受けた外力の総和である．

もう1つの運動は回転運動であり，

$$\frac{dL}{dt} = \sum_i r_i \times F_i = \sum_i N_i$$

が成立することを本章で述べた．ここに $\sum N_i$ は質点系に作用する外力のモーメントの総和である．なお，ここで示した角運動量，外力のモーメントはいずれも慣性系の原点Oに関するものである．回転運動は質量中心に関するものと質量中心に相対的なものに分離して考えることができる．

質点系の質量中心を原点とした座標系（並進系）を質量中心系あるいは重心系という．図7.9に示すように，今，質点 m_i の質量中心に対する位置ベクトルを r'_i とすると，位置ベクトル r_i は

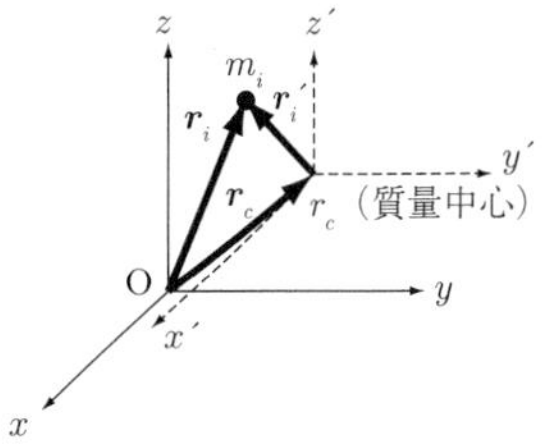

$$r_i = r_c + r'_i$$

と示すことができる．時間微分して，それぞれの速度を示すと，

$$\frac{dr_i}{dt} = \frac{dr_c}{dt} + \frac{dr'_i}{dt} = v_i = v_c + v'_i$$

である．この質点系の角運動量は

$$L = \sum_i \{(r_c + r'_i) \times m_i(v_c + v'_i)\}$$

となる．上式は，

$$L = r_c \times (\sum_i m_i)v_c + r_c \times (\sum_i m_i v'_i) + (\sum_i m_i r'_i) \times v_c + \sum_i \{r'_i \times (m_i v'_i)\}$$

図 7.9

となるが，質量中心系では質量中心が原点にあることから，

$$\sum_i m_i \bm{r}'_i = \bm{0}, \quad \sum_i m_i \bm{v}'_i = \bm{0}$$

となる．したがって，

$$\bm{L} = \bm{r}_c \times M\bm{v}_c + \sum_i \{\bm{r}'_i \times (m_i \bm{v}'_i)\}$$

と表すことができる．ここで，M は質点系の全質量であり，

$$M = \sum_i m_i$$

で示される．質量中心の角運動量 $\bm{L}_c$ を

$$\bm{L}_c = \bm{r}_c \times M\bm{v}_c$$

質量中心に対する相対的な角運動量 $\bm{L}'$ を

$$\bm{L}' = \sum_i \bm{r}'_i \times (m_i \bm{v}'_i)$$

とすると，

$$\bm{L} = \bm{L}_c + \bm{L}'$$

となり，質点系の角運動量は質量中心の角運動量と質量中心に対する相対的な角運動量とに分離できることがわかる．

外力のモーメントの総和は，

$$\bm{N} = \sum_i \bm{r}_i \times \bm{F}_i = \sum_i (\bm{r}_c + \bm{r}'_i) \times \bm{F}_i = \bm{r}_c \times \bm{F} + \sum_i \bm{r}'_i \times \bm{F}_i$$

となり，外力が全て質量中心に作用したと考えたモーメント

$$\bm{N}_c = \bm{r}_c \times \bm{F}$$

と質量中心に対する相対的な外力のモーメントの総和

$$\bm{N}' = \sum_i \bm{r}'_i \times \bm{F}_i$$

との和で示される．すなわち，

$$\bm{N} = \bm{N}_c + \bm{N}'$$

である．以上より，

$$\frac{\mathrm{d}\bm{L}_c}{\mathrm{d}t} + \frac{\mathrm{d}\bm{L}'}{\mathrm{d}t} = \bm{N}_c + \bm{N}'$$

が成立する．左辺第 1 項は，質量中心の運動方程式

$$M\frac{\mathrm{d}\bm{v}_c}{\mathrm{d}t} = \bm{F}$$

より，
$$\frac{\mathrm{d}\boldsymbol{L}_c}{\mathrm{d}t} = \frac{\mathrm{d}}{\mathrm{d}t}(\boldsymbol{r}_c \times M\boldsymbol{v}_c) = \boldsymbol{r}_c \times \left(M\frac{\mathrm{d}\boldsymbol{v}_c}{\mathrm{d}t}\right) = \boldsymbol{r}_c \times \boldsymbol{F} = \boldsymbol{N}_c$$
となる．したがって，
$$\frac{\mathrm{d}\boldsymbol{L}'}{\mathrm{d}t} = \boldsymbol{N}'$$
であり，質量中心系においても慣性系と同じ法則が成立する．

剛体とは外力を加えても変形しない理想的な物体のことをいう．剛体を質点の集まりと考えると，外力を加えても各質点間の相対位置が変化しない質点系であるといえる．第 6 章および本章で得られた質点系の一般的な性質は，剛体にもそのまま適用できる．詳細は第 8 章で述べる．

演習問題 A

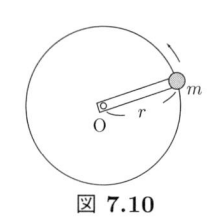

7.1 角運動量

図 7.10 に示すように，質量 m の物体が長さ r の細くて軽い棒の一端に取り付けられ，静止している．今，棒の他端 O を固定して回転運動を行ったとする．物体に力のモーメント N が加わったとして，回転の角加速度および t 秒後の角速度を求めよ．

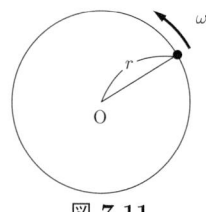

図 7.10

7.2 等速円運動

質量 m の物体が半径 r の円軌道上を角速度 ω で等速円運動している．

(1) この物体の速さ v を求めよ．

(2) この運動の周期 T を求めよ．

(3) この物体に働く力（向心力）の大きさ F を求めよ．

(4) 点 O のまわりの角運動量の大きさ L を求めよ．

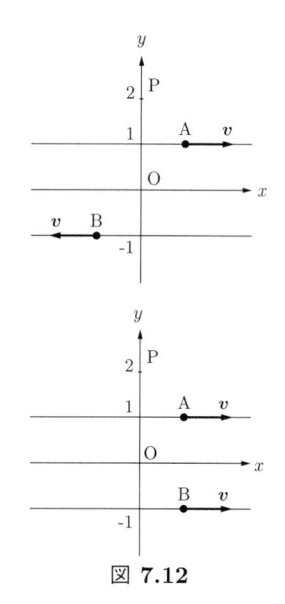

図 7.11

7.3 2 質点の角運動量

それぞれ速さ v で運動する質量 m の物体 A と B がある．物体 A は直線 $y = 1$ 上を，物体 B は直線 $y = -1$ 上を運動している．2 つの物体は同時に y 軸を通過し，その時刻を $t = 0$ とする．

[1] 物体 A は x 軸の正の方向に，物体 B は x 軸の負の方向に運動していたとする．

(1) 物体 A と物体 B の点 O(0, 0) のまわりの全角運動量の大きさ L_1 を求めよ

(2) 物体 A と物体 B の点 P(0, 2) のまわりの全角運動量の大きさ L_2 を求めよ．

[2] 物体 A および物体 B は，どちらも x 軸の正の方向に運動していたとする．

(1) 物体 A と物体 B の点 O(0, 0) のまわりの全角運動量の大きさ L_3 を求めよ

(2) 物体 A と物体 B の点 P(0, 2) のまわりの全角運動量の大きさ L_4 を求めよ．

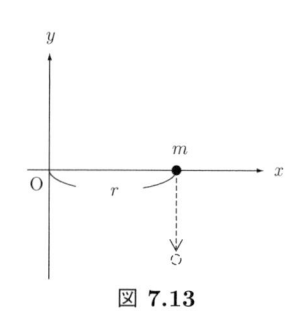

図 7.12

7.4 角運動量

図 7.13 に示すように，原点 O からの距離 r の位置から質量 m の質点が自由落下したとする．重力加速度を g として，以下の問いに答えよ．

図 7.13

(1) 質点に働く原点Oのまわりの力のモーメントの大きさNを求めよ．

(2) 原点Oのまわりの角運動量の大きさを求めよ．

7.5 角運動量保存の法則

図7.14に示すように，長さrの細い糸でつながれた質量m_1, m_2の2つの質点がそれぞれ角速度ω_1, ω_2で固定軸Oを中心に同一平面内を円運動している．今，質点が衝突して角速度がそれぞれω'_1, ω'_2に変化したとする．角速度ω'_2を示せ．

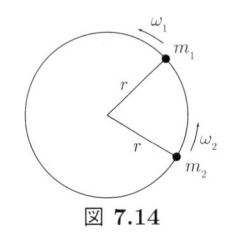

図 7.14

演習問題 B

7.6 単振り子

図7.15のように，質量mの物体Pを取りつけた単振り子があり，物体Pを鉛直面内で微小振動させた．振り子の糸の長さをl，振り子の最下点Oから円弧に沿ってとった座標をs，物体をつるした糸が鉛直線となす角をθ，天井に固定した点をCとする．また，重力加速度の大きさをgとする．

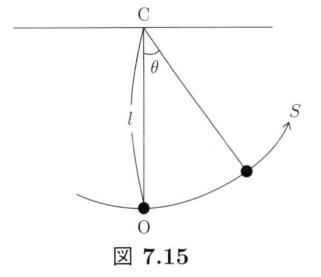

(1) 物体Pをつるした糸が鉛直線とθの角をなしている時の物体の位置sをlとθを用いて表せ．

(2) 物体Pの点Cのまわりの角運動量の大きさを求めよ．

(3) 物体Pに働く力の点Cのまわりの力のモーメントを反時計回りを正として求めよ．

(4) θが十分に小さいとき，$\sin\theta \simeq \theta$と近似できることを用いて，
$$\frac{d^2 s}{dt^2} = -\frac{g}{l}s$$
が成り立つことを示せ．（演習問題4.5参照）

図 7.15

7.7 2質点の角運動量

図7.16において，全角運動量$\boldsymbol{L} = \boldsymbol{L}_1 + \boldsymbol{L}_2$とした場合，
$$\frac{d\boldsymbol{L}}{dt} = \boldsymbol{r}_1 \times \boldsymbol{F}_1 + \boldsymbol{r}_2 \times \boldsymbol{F}_2$$
が成立することを示せ．

7.8 角運動量保存の法則

演習問題7.5において，質量m_1の質点は最初静止しており，角速度ωで質量m_2の質点を完全に非弾性的に衝突させたとする．衝突後，t秒間で回る角度を示せ．

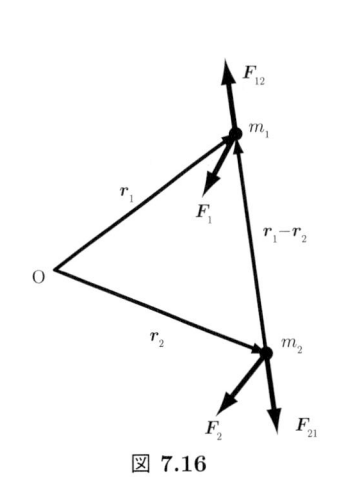

図 7.16

第8章 剛体の力学

オイラー（1707–1783, スイス）

現実の世界では物体の質量は一点に集中せず，空間的広がりをもって分布する．物体が大きさを持つことによる力学的な性質や運動の振る舞いを扱うことが多い．本章で扱う**剛体**とは，物体に力が働き運動を行うときに物体内の異なる位置に有る任意の2点間の距離が変化しない，つまり**変形しない仮想的な物体**をいう．今まで学習した質点系の力学における一般的性質は剛体にも適用できる．ここでは大きさのある物体を剛体と見なし，そのつり合いや運動を考える．

8.1 剛体に関する定理

これまで学んできた大きさが無く質量が一点に集中している**質点**とこれから学ぶ剛体には，共通に扱うことができる性質と全く異なる性質がある．

■ 剛体の自由度

空間内を自由に運動できる N 粒子からなる質点系の自由度は $3N$ である．剛体の位置を指定するためには，一直線上にない三点9個の座標が定まれば良いが，三点間の距離が一定という3つの条件があるので $9-3=6$ つの座標が必要である．すなわち，空間内を自由に運動する剛体の持つ自由度は **6** である．

自由度

■ 並進と回転

剛体の変位とは，ある空間的位置から他の位置への移動を意味する．変位の間に剛体の全ての点それぞれが互いに平行な線上に沿っているとき，この変位を**並進**という．また，変位の間に剛体の全ての点がある軸に関して位置が変わらずに固定されているとき，この変位を軸の周りの**回転**という．

並進と回転

剛体の運動に関して次の2つの性質が直感的に理解できるだろう．まず，ある固定点の周りの剛体の回転は，その点を通る軸の周りの回転と同じである．次に，剛体が拘束された固定点を持たないような場合の運動は，並進運動にある点（重心など）の周りの回転運動を加えたものと見なせる，つまり，剛体の運動は，1つの並進運動と1つの回転運動に分離して表すことができる．

8.2 剛体のつり合いと固定軸回りの変位

■ 剛体における力のモーメント

物体のつり合いや運動について考える．例えば，蝶つがいのような軸の回りに回転できる扉を押す場合，力を扉のどの部分にどの向きに加えるかが扉の開閉の様子を決める重要な要素となる．また，スパナやねじ回しなどの工具を使ってネジを締めるときなどについても全く同様である．力のモーメントは，このような物体の回転運動を考えるときに用いられ，軸のまわりに働く力によって生じる．

剛体の各部分に作用する力によるモーメントの働きのみにより，ある回転軸の周りに剛体が回転を行う．力のモーメントは仕事やエネルギーと同じ［力］×［距離］の次元を持ち，SI 単位系では［N·m］の単位で表される．しかし，剛体における力のモーメントは「捻（ねじ）りの強さ」を表す物理量であり，仕事とは異なる．工科系ではトルク (torque) とよばれることもある．

剛体に力が働くときに，力が働く点を作用点という．作用点 P を通り，働く力を含む直線を作用線という．図 8.1 のように，力 $\boldsymbol{F}$ が作用点に働き，点 O を通る回転軸から作用点までの位置ベクトルを $\boldsymbol{r}$ とすると，力のモーメント $\boldsymbol{\tau}$ は外積を用いて次式のベクトルで表される．

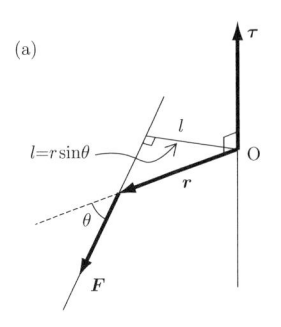

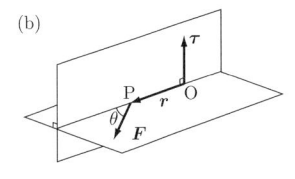

$$\boldsymbol{\tau} = \boldsymbol{r} \times \boldsymbol{F}$$
$$= \begin{vmatrix} \boldsymbol{i} & \boldsymbol{j} & \boldsymbol{k} \\ x & y & z \\ F_x & F_y & F_z \end{vmatrix} = (yF_z - zF_y)\boldsymbol{i} + (zF_x - xF_z)\boldsymbol{j} + (xF_y - yF_x)\boldsymbol{k}$$

$$|\boldsymbol{\tau}| = rF\sin\theta$$

上式より，$\boldsymbol{\tau}$ は回転軸上にあり，力 $\boldsymbol{F}$ と $\boldsymbol{r}$ を含む平面に垂直で大きさが $|\boldsymbol{\tau}|$ のベクトルを表し，**回転の向きと回転する能力を回転軸上に表す量**である[1]．図 8.2(a) は回転軸 O から作用線に垂直な腕から力のモーメントを求める方法を示し，図 8.2(b) は働く力 $\boldsymbol{F}$ を位置ベクトル $\boldsymbol{r}$ に平行な方向と垂直な方向に分解して力のモーメントを求める方法を示す．これらの考え方は剛体のつり合いやてこの原理を理解する上で役立つ．

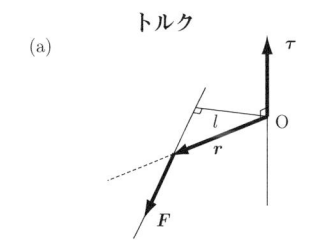

■ 剛体のつり合い

8.1 節で述べたように，剛体の運動は図 8.3 で示される剛体の各部分が同方向に等距離だけ移動する"並進"と一つの軸の周りに円運動を行う"回転"の 2 つの合成と考えることができる．

したがって，剛体がつり合うための条件は，次の条件 1 と条件 2 を同時に満たすときである．

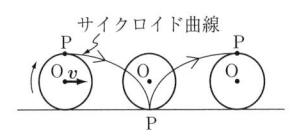

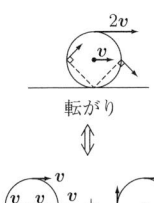

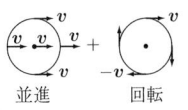

1. 並進を行わない：働く外力のベクトル和が $\boldsymbol{0}$

---

[1] 座標の反転に対し符号が変わらない性質があり，擬ベクトル (pseudo vector) または軸性ベクトル (axial vector) とよばれる．

図 8.1 外積 $\boldsymbol{\tau} = \boldsymbol{r} \times \boldsymbol{F}$ トルク

図 8.2 回転軸 O から力 $\boldsymbol{F}$ の作用線までの腕の長さ l／力 $\boldsymbol{F}$ を $\boldsymbol{r}$ に平行な成分 F_r と垂直な成分 F_t に分解

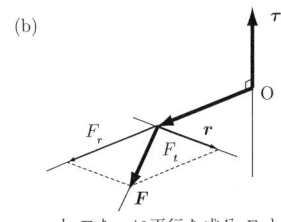

図 8.3 並進，回転

$$\sum_i \boldsymbol{F}_i = \boldsymbol{F}_1 + \boldsymbol{F}_2 + \cdots = \boldsymbol{0}$$

2. 回転を行わない：任意の点における回転軸の周りの外力による力のモーメントの和が $\boldsymbol{0}$

$$\sum_i \boldsymbol{\tau}_i = \boldsymbol{\tau}_1 + \boldsymbol{\tau}_2 + \cdots = \boldsymbol{0}$$

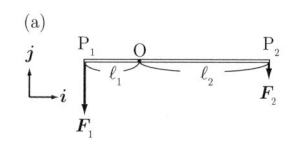

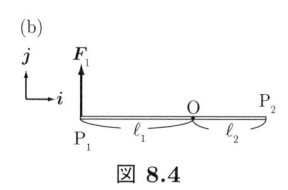

例題 8.1　てこのつり合い

(1) 図 8.4(a) のように重さが無視できる棒があり，支点 O から ℓ_1[m] 離れた点 P_1 に鉛直下向きの力 $\boldsymbol{F}_1$[N] が働いている．O から ℓ_2[m] 離れた点 P_2 に鉛直下向きに $\boldsymbol{F}_2$[N] の力を働かせたときに，棒が静止した．力 $\boldsymbol{F}_2$ の大きさと向きを求めよ．

(2) 図 8.4(b) のように重さが無視できる棒があり，支点 O から ℓ_1[m] 離れた点 P_1 に鉛直上向きの力 $\boldsymbol{F}_1$[N] が働いている．O から ℓ_2[m] 離れた点 P_2 に $\boldsymbol{F}_2$[N] の力を働かせたときに，棒が静止した．力 $\boldsymbol{F}_2$ の大きさと向きを求めよ．

図 8.4

[解答]

(1) 水平にした棒の支点 O を原点にして棒に沿って右向きに x 軸の正の方向（単位ベクトル $\boldsymbol{i}$），鉛直上方を y 軸の正の方向（単位ベクトル $\boldsymbol{j}$）に右手系をとり，点 O の周りの力のモーメントの和が $\boldsymbol{0}$ になることを用いる．点 P_1，P_2 の位置ベクトルをそれぞれ $\boldsymbol{\ell_1}$，$\boldsymbol{\ell_2}$ とする．力のモーメントの和が $\boldsymbol{0}$ ベクトルになることより，以下のようになる．

$$\begin{aligned}\sum_{i=1}^2 \boldsymbol{\tau}_i &= \boldsymbol{\ell_1} \times \boldsymbol{F_1} + \boldsymbol{\ell_2} \times \boldsymbol{F_2} \\ &= \ell_1(-\boldsymbol{i}) \times F_1(-\boldsymbol{j}) + \ell_2 \boldsymbol{i} \times F_2(-\boldsymbol{j}) \\ &= \ell_1 F_1 \boldsymbol{k} + \ell_2 F_2(-\boldsymbol{k}) = \boldsymbol{0}\end{aligned}$$

上式より，O 点の周りの二つの力のモーメントは，O 点を通る軸上で向きが反対である．すなわち，力 F_2 の向きは鉛直下方である．次に外積の大きさを考え，

$$\ell_1 F_1 - \ell_2 F_2 = 0$$
$$\therefore F_2 = \frac{\ell_1}{\ell_2} F_1$$

と求まる．

(2) (1) と同様に O 点の周りの力のモーメントの和が 0 になることを用いると，力 F_2 の向きは鉛直上向きである．力の大きさで考え，

$$\ell_1 F_1 = \ell_2 F_2$$

$$\therefore F_2 = \frac{\ell_1}{\ell_2} F_1$$

[発展] (1) の様にベクトルで考えてみなさい.

例題 8.2　**壁に立てかけた棒のつり合い**

図 8.5 のように，長さ ℓ，重さ W の一様な棒を粗い水平な床に置き，滑らかな垂直な壁に立てかけたところ最小の角 φ で静止した．この状況を論じ，棒と床の間の静止摩擦係数 μ を求めよ．

[解答]
図 8.5 において，棒に働く力を考える．
(i) 壁からの抗力：$\boldsymbol{R_1} = R_1 \boldsymbol{i}$
(ii) 床からの抗力：$\boldsymbol{R_2} = R_2 \boldsymbol{j}$
(iii) 棒の重心 G に働く重力：$\boldsymbol{W} = W(-\boldsymbol{j})$
(iv) 摩擦力：$\boldsymbol{f} = f(-\boldsymbol{i})$

これらのつり合いの条件は，棒に働く外力の和 $\boldsymbol{F}$ と点 A の周りの力のモーメントの和 $\boldsymbol{\tau}$ に対し,

$$\boldsymbol{F} = \boldsymbol{0}, \quad \boldsymbol{\tau} = \boldsymbol{0}$$

が同時に成り立つことである．よって,

$$\begin{aligned}
\boldsymbol{F} &= \boldsymbol{R_1} + \boldsymbol{R_2} + \boldsymbol{W} + \boldsymbol{f} = (R_1 - f)\boldsymbol{i} + (R_2 - W)\boldsymbol{j} \\
&= \boldsymbol{0} \\
\boldsymbol{\tau} &= \boldsymbol{0} \times \boldsymbol{R_1} + (\overrightarrow{\mathrm{AB}}) \times \boldsymbol{R_2} + (\overrightarrow{\mathrm{AG}}) \times \boldsymbol{W} + (\overrightarrow{\mathrm{AB}}) \times \boldsymbol{f} \\
&= \boldsymbol{0} \times R_1 \boldsymbol{i} + (\ell \cos\varphi\, \boldsymbol{i} - \ell \sin\varphi\, \boldsymbol{j}) \times (R_2 \boldsymbol{j}) \\
&\quad + (\frac{\ell}{2}\cos\varphi\, \boldsymbol{i} - \frac{\ell}{2}\sin\varphi\, \boldsymbol{j}) \times W(-\boldsymbol{j}) \\
&\quad + (\ell \cos\varphi\, \boldsymbol{i} - \ell \sin\varphi\, \boldsymbol{j}) \times f(-\boldsymbol{i}) \\
&= \ell R_2 \cos\varphi\, \boldsymbol{k} - \frac{\ell W}{2}\cos\varphi\, \boldsymbol{k} - \ell f \sin\varphi\, \boldsymbol{k} \\
&= \boldsymbol{0}
\end{aligned}$$

$$\therefore R_2 \cos\varphi - \frac{1}{2}W\cos\varphi - f\sin\varphi = 0$$

$$\therefore f = R_1 = \frac{1}{2}W\cot\varphi, \quad R_2 = W$$

棒が静止する最小の角が φ であることより，静止摩擦係数 μ は

$$\mu = \frac{f}{R_2} = \frac{1}{2}\cot\varphi$$

と求まる.

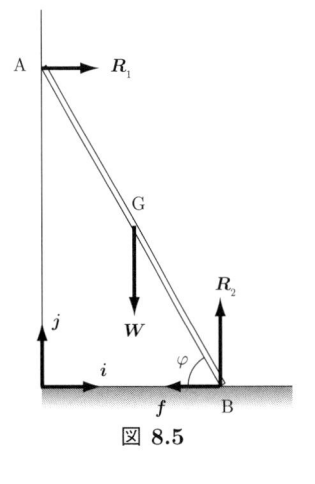

図 8.5

8.3 剛体の重心

■ 重心

空間の任意の一点を原点にとった静止系において，**質量中心**を定義する．ここでは剛体の重心を考えるが，重力は剛体の重心に作用すると見なせる．すなわち，**剛体の重心**は質量中心と一致する．

■ 剛体を小さな部分に分けて求める方法

剛体を小さく区切った細かい部分に分けて考えると，それらの各部分には重力が働き，それらの合力がある 1 点に働くのが剛体に作用する重力であると考えることができる．一般に任意の形を持った剛体の重心は以下のように求めることができる．

質点系で学習した質量中心と同様に，次のように重心の位置を計算することができる．剛体を小さな部分に分け，i 番目の部分の質量を m_i，位置を $\boldsymbol{r}_i(x_i, y_i, z_i)$ とすると，次の位置 $\boldsymbol{r}_\mathrm{G}(x_\mathrm{G}, y_\mathrm{G}, z_\mathrm{G})$ を重心という．

$$\boldsymbol{r}_\mathrm{G} = \frac{\sum m_i \boldsymbol{r}_i}{\sum m_i} = \frac{\sum m_i \boldsymbol{r}_i}{M}$$

成分に分けると，

$$x_\mathrm{G} = \frac{\sum m_i x_i}{M},\ y_\mathrm{G} = \frac{\sum m_i y_i}{M},\ z_\mathrm{G} = \frac{\sum m_i z_i}{M}$$

ここで，$M = \sum m_i$ は剛体の全質量である．

■ 質量が連続的に分布する剛体の重心

剛体を全質量 M，微小体積 $\mathrm{d}V = \mathrm{d}x\mathrm{d}y\mathrm{d}z$ の密度[2]が σ である連続体として扱う場合は，上の重心の式において部分に分けた数を無限にとり，部分の質量 m_i が 0 に近づく極限を考えて，重心の位置 $\boldsymbol{r}_\mathrm{G}(x_\mathrm{G}, y_\mathrm{G}, z_\mathrm{G})$ を次のように表す[3]．

$$\boldsymbol{r}_\mathrm{G} = \frac{\int_\mathcal{R} \boldsymbol{r}\,\mathrm{d}m}{\int_\mathcal{R} \mathrm{d}m} = \frac{\int_\mathcal{R} \sigma \boldsymbol{r}\,\mathrm{d}V}{M}$$

成分に分けると，次のように表わせる．

$$x_\mathrm{G} = \frac{\int_\mathcal{R} \sigma x\,\mathrm{d}V}{M},\ y_\mathrm{G} = \frac{\int_\mathcal{R} \sigma y\,\mathrm{d}V}{M},\ z_\mathrm{G} = \frac{\int_\mathcal{R} \sigma z\,\mathrm{d}V}{M}$$

■ 実験により求める方法

図 8.6 のように剛体を P の位置で糸に吊すと，糸の張力と重心に働く重力は同じ作用線上にあるので重心は P 点を通り鉛直下方にある．また，剛体を

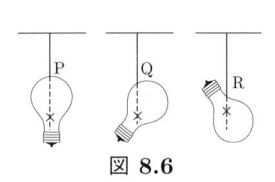

図 8.6

---

[2] 単位体積当たりの質量を**密度**，単位面積当たりの質量を**面密度**，単位長さ当たりの質量を**線密度**という．

[3] $\int_\mathcal{R}$ は剛体 $\mathcal{R}$ に関する積分を意味する．

異なる位置 Q や R で糸に吊すと，同様に糸の張力と重心に働く重力は同じ作用線上にあるので重心は点 Q や R を通り鉛直下方にある．このことより，重心の位置は 2 つの作用線が交わる位置にある．その他，色々な形の物体について考え予想してみよ．

表 8.1 さまざまな物体の重心

一様な板の形状	質量中心 G の位置	
円板 半径 R		(R, R)
正方形 一辺 a		$\left(\dfrac{a}{2}, \dfrac{a}{2}\right)$
長方形 一辺 a, b		$\left(\dfrac{a}{2}, \dfrac{b}{2}\right)$
正三角形 一辺 a		$\left(\dfrac{a}{2}, \dfrac{a}{2\sqrt{3}}\right)$
三角形 ABC		辺 AB, BC, CA の中点を結んだ交点 各々の中線を 2:1 に分ける位置

例題 8.3　にんじんの重心

図 8.7 のようなにんじんの重心の位置をひもを使って実験的に求めるにはどうしたらよいだろうか．また，重心の右と左の部分の重さは同じだろうか．

図 8.7

図 8.8

[解答]

ひもをにんじんの周りに図 8.8 のように掛けてつり合う位置を求めると，重心 G は吊したひもの延長でにんじんの中にある．その重心を通る部分でにんじんを切ってみれば重さが同じかどうかわかるが，ここで重心には分布している質量が集中していると見なせることおよび重心までの位置と働く重力による力のモーメントを考えてみよう．すると，左の部分の重心の位置 G_L と働く重力の大きさ W_L，右の部分の重心の位置 G_R と働く重力の大きさ W_R を考えることができる．力のつり合いの条件を力と距離の大きさで考えると，$G_L W_L = G_R W_R$ となるので，重心 G から G_L と G_R までの距離の関係よ

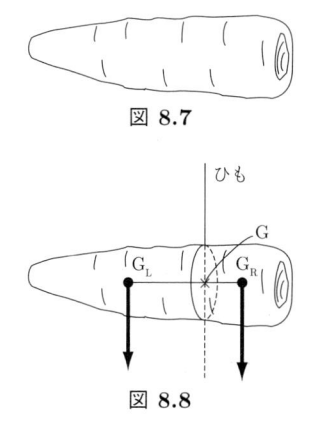

り，太い部分の重さの方が細い部分より重いことがわかるであろう．直円錐（にんじんを直円錐と見なした）の重心の位置を演習問題 8.10 で扱う．

8.4 剛体の運動

■ 並進と回転

8.1 節で述べたように，剛体の運動は並進運動と回転運動に分けて表すことができる．剛体の並進について，質量 M を持つ剛体の重心 $\bm{r_G}$ に対する運動方程式は次のように表される．

$$M\frac{\mathrm{d}^2 \bm{r_G}}{\mathrm{d}t^2} = \sum_{i=1}^{n} \bm{F}_i$$

また，剛体の回転については，剛体の角運動量を $\bm{L}$ と表すと

$$\frac{\mathrm{d}\bm{L}}{\mathrm{d}t} = \sum_{i=1}^{n} \bm{r}_i \times \bm{F}_i = \sum \bm{\tau_i} = \bm{N}$$

と表され，位置 $\bm{r}_i$ に働く外力 $\bm{F}_i$ による力のモーメントの総和は回転軸の周りの力のモーメント $\bm{\tau}$ の総和 $\bm{N}$ になる．

■ 慣性モーメント

剛体の慣性モーメントは剛体の質量分布や形状，そして回転軸のとり方により決まる．図 8.9 に示すように，質量 M を持つ一質点の軸 AB の周りの慣性モーメントは次式で定義される．

慣性モーメント
$$I = Mr^2$$

N 個の質量 m_1, m_2, ..., m_N が軸 AB からの距離 r_1, r_2, ..., r_N にある質点系の軸 AB の周りの慣性モーメントは次式で定義された．

$$I = \sum_{i=1}^{N} m_i r_i^2$$

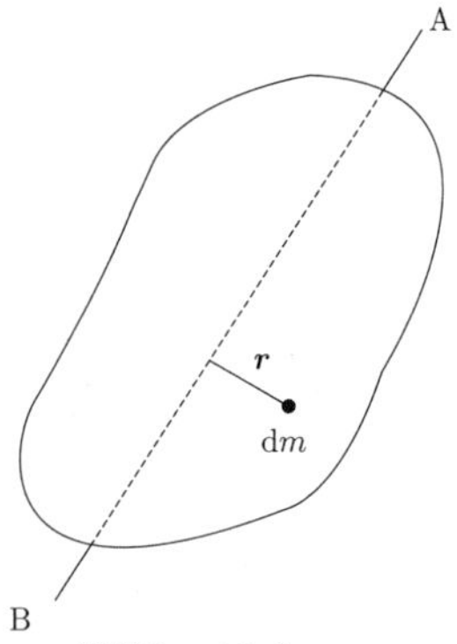

図 8.9 のような，質量が連続に分布しているような剛体 $\mathcal{R}$ の慣性モーメントは，軸からの距離 r の位置にある密度 σ である微小体積 $\mathrm{d}V = \mathrm{d}x\mathrm{d}y\mathrm{d}z$ の質量が $\mathrm{d}m = \sigma \mathrm{d}V$ となるので，その部分の慣性モーメントを $\mathrm{d}I = r^2 \mathrm{d}m$ とすると，次式で定義される．

慣性モーメント
図 8.9

$$I = \int_{\mathcal{R}} \mathrm{d}I = \int_{\mathcal{R}} r^2\,\mathrm{d}m = \iiint r^2 \sigma\,\mathrm{d}x\mathrm{d}y\mathrm{d}z$$

剛体の慣性モーメントは，回転軸の周りの**回転の角速度の変わりにくさ**を

表す量と解釈できる．剛体の慣性モーメントに関する次の定理は，慣性モーメントを求めるときに有用である．

1. 平行軸の定理：質量 M を持つ剛体の重心 G を通る軸の周りに関する慣性モーメントを I_G とすると，G から距離 b だけ離れた平行な軸の周りに関する慣性モーメントの値 I は次式で表せる．

$$I = I_G + Mb^2$$

2. 直交軸の定理：厚さが一定である板状の剛体を考える．剛体中のある点 O を通り，面に垂直な軸 z の周りの慣性モーメント I_z は，面に平行でその点を通り直交する軸 x と y に関する慣性モーメント I_x と I_y の和で表される．

$$I_z = I_x + I_y$$

平行軸の定理

直交軸の定理

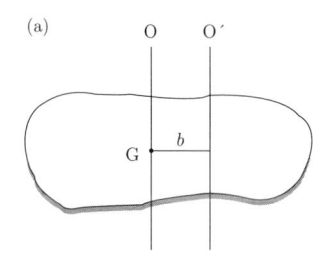

■ 回転の半径

質量が M，回転軸 AB に関する慣性モーメント I の剛体において，次の回転の半径 κ を定義する．

$$\kappa^2 = \frac{\int_{\mathcal{R}} r^2 \mathrm{d}m}{\int_{\mathcal{R}} \mathrm{d}m} = \frac{I}{M}$$

これは，大きさを持つ物体である剛体に対して，ある回転軸からの距離 κ の円周上に全質量 M が分布したときの慣性モーメント I と等価であるということである．

■ 剛体の運動エネルギー

固定された軸の周りに回転する剛体の運動エネルギー E_R は，

$$E_R = \frac{1}{2} I \omega^2$$

と表せる．図 8.11 に示すように，角速度 $\boldsymbol{\omega}$ は回転軸の方向に向くベクトル，I は回転軸 AB に関する慣性モーメントである．

又，角運動量 $\boldsymbol{L}$ は

$$\boldsymbol{L} = I \boldsymbol{\omega}$$

と表される．

■剛体の平面運動

剛体の運動に関して次の重要な原理がある．

(a)

平行軸の定理

(b)

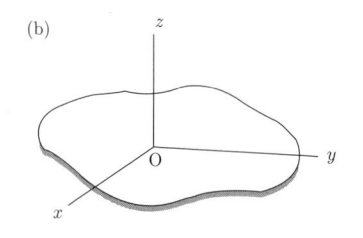

直交軸の定理
図 8.10

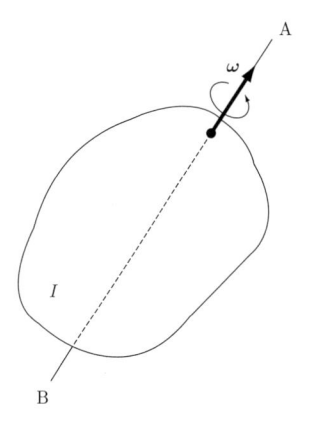

運動エネルギー
図 8.11

1. 角運動量

並進と回転で述べたように，回転の軸の周りの力のモーメントを $\boldsymbol{\tau}$，角速度を $\boldsymbol{\omega}\left(=\dfrac{\mathrm{d}\boldsymbol{\theta}}{\mathrm{d}t}\right)$，角加速度を $\boldsymbol{\beta}\left(=\dfrac{\mathrm{d}\boldsymbol{\omega}}{\mathrm{d}t}\right)$，角運動量を $\boldsymbol{L}$ とすると，

$$\boldsymbol{\tau} = \frac{\mathrm{d}\boldsymbol{L}}{\mathrm{d}t} = \frac{\mathrm{d}}{\mathrm{d}t}(I\boldsymbol{\omega}) = I\frac{\mathrm{d}\boldsymbol{\omega}}{\mathrm{d}t} = I\frac{\mathrm{d}^2\boldsymbol{\theta}}{\mathrm{d}t^2} = I\boldsymbol{\beta}$$

が成り立つ．もし，剛体に働く $\boldsymbol{\tau}=0$ のとき，角運動量 $\boldsymbol{L}$ は一定である．すなわち，角運動量は保存する．

2. エネルギー保存

剛体に働く力が保存力のとき，剛体はポテンシャルエネルギー V を持ち，回転の運動エネルギーが $E_R = \dfrac{1}{2}I\boldsymbol{\omega}^2$ で，並進の運動エネルギーが $E_T = \dfrac{1}{2}M\left(\dfrac{\mathrm{d}\boldsymbol{r}}{\mathrm{d}t}\right)^2 = \dfrac{1}{2}M\boldsymbol{v}^2$ とすると，剛体の運動エネルギーはこの二つの運動エネルギーの和 $E_K = E_T + E_R$ となり，総エネルギーを E として次の関係が成り立つ．

$$E = E_K + V = \frac{1}{2}M\left(\frac{\mathrm{d}\boldsymbol{r}_G}{\mathrm{d}t}\right)^2 + \frac{1}{2}I\boldsymbol{\omega}^2 + V = 一定$$

ある固定された軸の周りの剛体の運動の場合には並進の運動エネルギー $E_T = 0$ で，回転の運動エネルギー $E_K = E_R$ だけとなるので，$E = E_R + V$ である．

例題 8.4　一様な太さの棒の慣性モーメント

長さ L，質量 M の一様な太さの棒がある．
(1) 重心 G を通り棒に垂直な軸の周りの慣性モーメント I_G を求めよ．
(2) 棒の端 A を通り棒に垂直な軸の周りの慣性モーメント I を求めよ．

[解答]
(1) 図 8.12(a) において，棒の線密度を $\sigma(=\frac{M}{L})$ とすると，重心 G からの距離が r と $r+\mathrm{d}r$ の部分の質量 $\mathrm{d}m$ は $\mathrm{d}m = \sigma\,\mathrm{d}r$ で，その部分の慣性モーメント $\mathrm{d}I = r^2\mathrm{d}m = r^2\sigma\,\mathrm{d}r$ となるので，

$$I_G = \int_{\mathcal{R}} \mathrm{d}I = 2\int_0^{L/2} r^2 \sigma\,\mathrm{d}r = \frac{2M}{L}\frac{1}{3}\left(\frac{L}{2}\right)^3 = \frac{1}{12}ML^2$$

と求まる．

(2) <解法 1> 図 8.12(b) において，平行軸の定理を用いる．(1) で重心の周りの慣性モーメント I_G を求めた．回転軸は重心の位置から $L/2$ だけ離れているので，

$$I = I_G + M\left(\frac{L}{2}\right)^2 = \frac{ML^2}{12} + \frac{ML^2}{4} = \frac{1}{3}ML^2$$

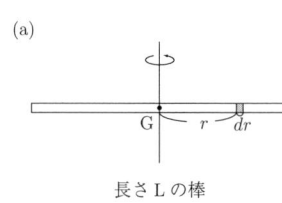

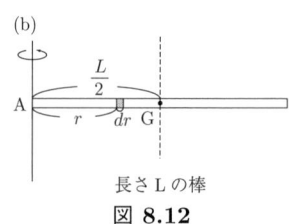

図 8.12
(a) 長さ L の棒
(b) 長さ L の棒

と求まる.

<解法2> 端 A からの距離が r と $r+dr$ の部分を考えると，(1) と同様な計算により，

$$I = \int_0^L r^2 \sigma \, dr = \sigma \frac{L^3}{3} = \frac{1}{3}ML^2$$

と求まる.

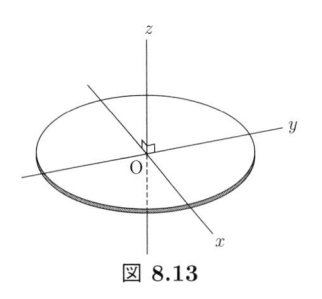

例題 8.5 一様な薄い円板の慣性モーメント

図 8.13 のような，半径 R，質量 M の薄い円板がある．この円板の中心 O を通り，円板に垂直な軸 z の周りの慣性モーメント I_z を求めよ．更に，円板の中心を通り，円板上の軸 x と y の周りの慣性モーメント I_x と I_y を求めよ．

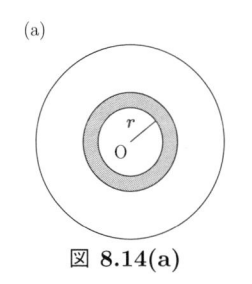

図 8.13

[解答]
<解法1> 図 8.14(a) において，面密度を $\sigma(=\frac{M}{\pi R^2})$ とすると，中心 O から半径 r と $r+dr$ の幅 dr の質量 dm は $dm = \sigma \cdot 2\pi r\, dr$ で，その部分の慣性モーメントは $dI = r^2\, dm = 2r^2 \sigma \pi r\, dr$ であるから，

$$I = \int_\mathcal{R} dI = \int_0^R 2r^2 \sigma \pi r\, dr = \frac{2M}{R^2} \int_0^R r^3 dr = \frac{1}{2}MR^2$$

と求まる.

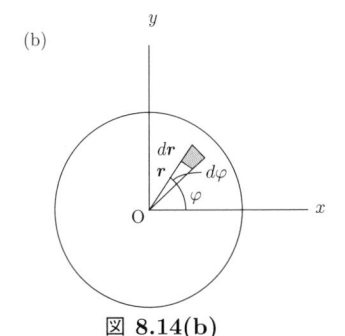

図 8.14(a)

<解法2> 図 8.14(b) において，極座標 (r, φ) をとると，中心 O から半径 r と $r+dr$，x 軸から角度 φ と $\varphi+d\varphi$ で囲まれた部分の質量 dm は面密度を σ として，$dm = \sigma r\, dr d\varphi$ で，その部分の慣性モーメントは $dI = r^2 dm = \sigma r^3\, dr d\varphi$ である．軸 z 周りの慣性モーメント I_z は，r を 0〜R，φ を 0〜2π の範囲で積分すると求まる.

$$I_z = \int_\mathcal{R} dI = \int_0^{2\pi} \int_0^R \sigma r^3\, dr d\varphi = 2\pi \sigma \frac{R^4}{4} = \frac{1}{2}MR^2$$

図 8.14(b)

これで z 軸周りの慣性モーメント I_z が求まったので，直交軸の定理 $I_z = I_x + I_y$ を適用する．このとき，対称性より x 軸と y 軸の周りの慣性モーメントは等しく $I_x = I_y$ となるので

$$I_x = I_y = \frac{1}{4}MR^2$$

と求まる.

表 8.2 さまざまな物体の慣性モーメント

物体の形状 質量 M		慣性モーメント I
棒 長さ L		$I_G = \dfrac{1}{12}ML^2$ $I = \dfrac{1}{3}ML^2$
円板 半径 R		$I_z = \dfrac{1}{2}MR^2$ $I_x = \dfrac{1}{4}MR^2$
板状円環 半径 R		$I_z = MR^2$ $I_x = \dfrac{1}{2}MR^2$
四角形 辺 a, b		$I_x = \dfrac{1}{12}Mb^2$ $I_y = \dfrac{1}{12}Ma^2$ $I_z = \dfrac{1}{12}M(a^2+b^2)$
円柱 半径 R 長さ L		$I_x = \dfrac{1}{4}MR^2 + \dfrac{1}{12}ML^2$ $I_z = \dfrac{1}{2}MR^2$
球 半径 R		$I = \dfrac{2}{5}MR^2$
円錐 半径 R 高さ h		$I = \dfrac{3}{10}MR^2$

図 8.15 実体振り子

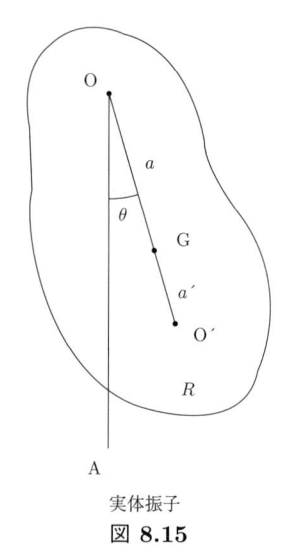

例題 8.6　剛体の平面運動：実体振り子

図 8.15 のように，水平な軸 O の周りに鉛直な平面内で小さな角度 θ で振動している剛体 R を考える．この様な剛体を実体振り子という．小さな θ で振動する実体振り子の周期を運動方程式を立てて求めよ．重力加速度の大きさを g とする．

[解答]

支点 O の周りに回転する剛体の重心を G，鉛直方向 OA となす振動の角を θ にとる．運動方程式は次式となる．（演習問題 B，8.12 参照）

$$\frac{d^2\theta}{dt^2} + \frac{Mga}{I}\sin\theta = 0$$

この微分方程式は，小さな角度 θ $(\theta \ll 1)$ に対して

$$\frac{d^2\theta}{dt^2} + \frac{Mga}{I}\theta = 0$$

と近似でき，周期は $P = 2\pi\sqrt{\dfrac{I}{Mga}}$ を持つ単振動となる．

因みに，ここで ℓ の長さを持つ単振子の周期の式との対比をすると，平行軸の定理より $I = I_G + Ma^2$ であるから

$$\ell = \frac{I}{Ma} = \frac{I_G + Ma^2}{Ma} = \frac{I_G}{Ma} + a$$

となる．この ℓ を**相当単振り子の長さ**という．図 8.16 に示すように ℓ は a の関数で，1 つの ℓ の値に対し 2 つの値 a, a' があり，

$$a + a' = \ell$$

を満たす．振動の回転軸が O と O′ では振動の周期が同じになる．また，a が重心を通る回転軸に関する慣性モーメントの回転半径に等しいとき，すなわち $a = \kappa_G$ のときに周期は最小となる．

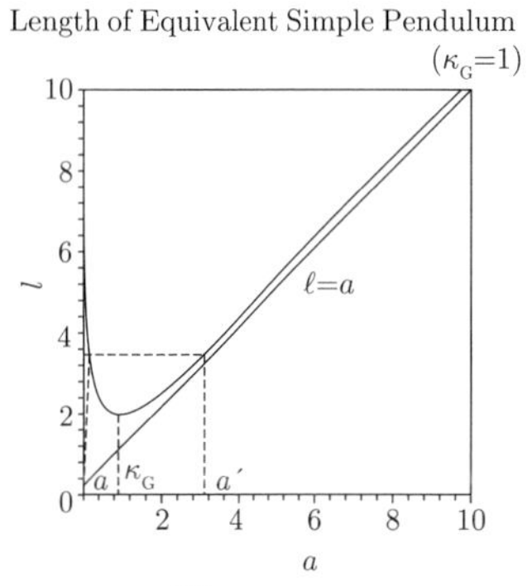

図 8.16

例題 8.7 斜面を転がり落ちる物体

図 8.17 のように，半径 R，質量 M，回転軸周りの慣性モーメント I の物体が，傾角 φ の粗い斜面を滑らずに最大傾斜線に沿って転落するときの加速度 $\boldsymbol{a}$，角加速度 $\boldsymbol{\beta} = \dfrac{d\boldsymbol{\omega}}{dt}$ を求めよ．また，物体が円板の場合と球の場合の加速度を求めよ．

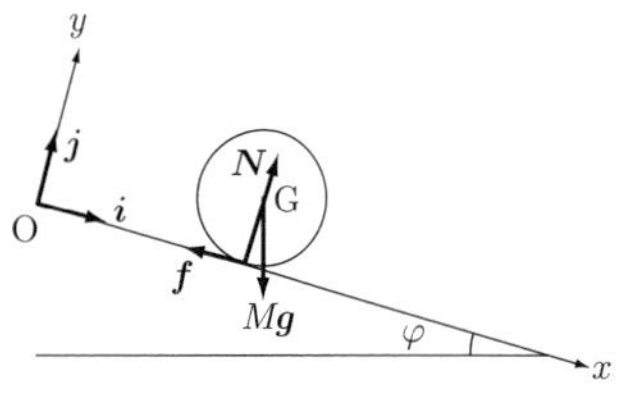

図 8.17

[解答]

物体が原点 O から転がり，時間 t だけ経ったときの重心の位置ベクトルを $\boldsymbol{r}$ とし，物体に働く力を考える．

(i) 接触している点での抗力：$\boldsymbol{N} = N\boldsymbol{j}$
(ii) 重心 G に働く重力：$\boldsymbol{W} = M\boldsymbol{g} = (\sin\varphi\,\boldsymbol{i} + \cos\varphi\,(-\boldsymbol{j}))Mg$
(iii) 摩擦力：$\boldsymbol{f} = f(-\boldsymbol{i})$

これらより，物体に働く外力の和 $\boldsymbol{F}$ と点 G の周りの力のモーメントの和 $\boldsymbol{\tau}$ は次のようになる．

$$\begin{aligned}\boldsymbol{F} &= \boldsymbol{N} + \boldsymbol{W} + \boldsymbol{f} = (Mg\sin\varphi - f)\boldsymbol{i} + (N - Mg\cos\varphi)\boldsymbol{j} \\ &= M\frac{d^2\boldsymbol{r}}{dt^2} \quad (1) \\ \boldsymbol{\tau} &= \boldsymbol{R} \times \boldsymbol{f} = R(-\boldsymbol{j}) \times f(-\boldsymbol{i}) = -Rf\boldsymbol{k} \\ &= -I\boldsymbol{\beta} \quad (2)\end{aligned}$$

角運動量 $\boldsymbol{L}$ は，物体の回転角 θ（時計回りを正）を用いると，

$$\boldsymbol{L} = I\boldsymbol{\omega} = I(-\frac{\mathrm{d}\theta}{\mathrm{d}t}\boldsymbol{k}) = -I\frac{\mathrm{d}\theta}{\mathrm{d}t}\boldsymbol{k} \quad (3)$$

$$\therefore \ \boldsymbol{\tau} = \frac{\mathrm{d}\boldsymbol{L}}{\mathrm{d}t} = -Rf\boldsymbol{k} = -I\frac{\mathrm{d}^2\theta}{\mathrm{d}t^2}\boldsymbol{k}$$

$$\therefore \ I\frac{\mathrm{d}^2\theta}{\mathrm{d}t^2} = Rf \quad (4)$$

$\boldsymbol{r} = x\boldsymbol{i} + y\boldsymbol{j}$ であるので,

$$M\frac{\mathrm{d}^2 x}{\mathrm{d}t^2} = Mg\sin\varphi - f \quad (5)$$

$$M\frac{\mathrm{d}^2 y}{\mathrm{d}t^2} = N - Mg\cos\varphi$$

ここで, $x = R\theta \quad \therefore \ \theta = \dfrac{x}{R} \quad (6)$

また, $\dfrac{\mathrm{d}^2 y}{\mathrm{d}t^2} = 0$ であるから $N = Mg\cos\varphi$ である. 加速度 $\boldsymbol{a}$ と角加速度 $\boldsymbol{\beta} = \dfrac{\mathrm{d}\boldsymbol{\omega}}{\mathrm{d}t}$ は $\boldsymbol{a} = R\boldsymbol{\beta} = \dfrac{\mathrm{d}\boldsymbol{\omega}}{\mathrm{d}t}$ の関係がある.

(4), (5), (6) より,

$$\frac{I}{R^2}\frac{\mathrm{d}^2 x}{\mathrm{d}t^2} = f \quad \therefore \ (M + \frac{I}{R^2})\frac{\mathrm{d}^2 x}{\mathrm{d}t^2} = Mg\sin\varphi$$

$$\therefore \ \text{加速度} \quad \frac{\mathrm{d}^2 x}{\mathrm{d}t^2} = \frac{1}{1 + \frac{I}{MR^2}}g\sin\varphi,$$

$$\text{角加速度} \quad \frac{\mathrm{d}\omega}{\mathrm{d}t} = \frac{\mathrm{d}^2\theta}{\mathrm{d}t^2} = \frac{1}{R}\frac{\mathrm{d}^2 x}{\mathrm{d}t^2} = \frac{1}{R(1 + \frac{I}{MR^2})}g\sin\varphi$$

円板の場合:慣性モーメント $I = \dfrac{1}{2}MR^2$ であるから, 加速度 $\dfrac{\mathrm{d}^2 x}{\mathrm{d}t^2} = \dfrac{2}{3}g\sin\varphi$

球の場合:慣性モーメント $I = \dfrac{2}{5}MR^2$ であるから, 加速度 $\dfrac{\mathrm{d}^2 x}{\mathrm{d}t^2} = \dfrac{5}{7}g\sin\varphi$

演習問題 A

8.1 てこのつり合い

(1) 図 8.18(a) のように，支点 O から ℓ_1 離れた点 P_1 に鉛直下向きに $\boldsymbol{F}_1$ の力が働いている．O から ℓ_2 離れた点 P_2 に鉛直下向きから角度 φ の向きに $\boldsymbol{F}_2$ の力を働かせたときに，てこがつり合った．力 $\boldsymbol{F}_2$ の大きさを求めよ．

(2) 図 8.18(b) のように，重さ W の箱がてこの端にあり，点 P_1 に箱の荷重がかかっている[4]．点 P_2 を真下に押し下げてこの箱を持ち上げるのに必要な力の最小値を求めよ．但し，腕の長さ ℓ_1 と ℓ_2 の水平面への射影の長さは，持ち上げることにより変わらないとする．

また，$W = 500$ N，$\ell_1 = 0.2$ m，$\ell_2 = 3.0$ m，$\varphi = 30$ 度のとき，箱を持ち上げるための最小の力の大きさ F_2[N] はいくらか．

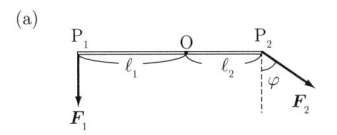

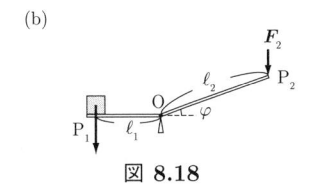

8.2 太さの異なる棒の重心

図 8.19 のような，重心 G が真ん中の位置にない長さ L，重さ W の棒がある．端 B を地面につけたままで端 A を鉛直上方に持ち上げるには力 $\boldsymbol{F}_1$ が，端 A を地面につけたままで端 B を鉛直上方に持ち上げるには力 $\boldsymbol{F}_2$ が必要であった．この棒の重さと重心の位置を求めよ．ただし，棒の太さが違う影響は無視せよ．

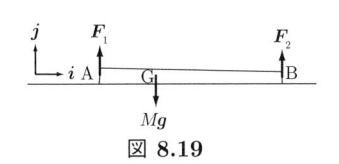

8.3 壁に付けた梁のつり合い

図 8.20 のように，重さの無視できる長さ ℓ の梁（はり）を壁上の点 A で自由に回転できるよう水平に固定し，梁の端 B を壁上の点 C に軽いひもで繋いだ．B 端に重さ W を吊り下げたときの状況を論じ，壁からの抗力 $\boldsymbol{R}$，壁に沿って働く力 $\boldsymbol{f}$，ひもの張力 $\boldsymbol{T}$ の大きさを求めよ．

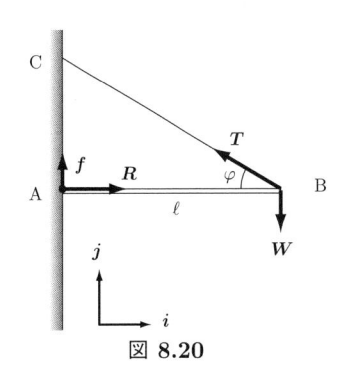

8.4 円弧状の針金

図 8.21 のような半径 R，中心角 η の円弧状の針金がある．質量中心の位置を求めよ．また，η が $\dfrac{\pi}{2}$，π，2π の場合について重心の位置を計算せよ．

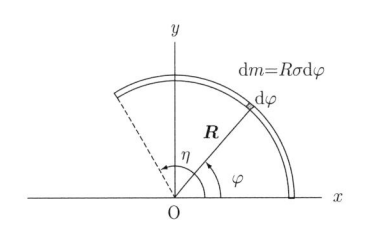

8.5 フライホイールの慣性モーメント

図 8.22 のように，半径 R，質量 M の一様な円環状物体（フライホイール＝弾み車）がある．この円環の中心を通り，円環に垂直な軸の周りの慣性モーメント I を求めよ．ただし，質量は全て半径 R の円環上にあるとせよ．

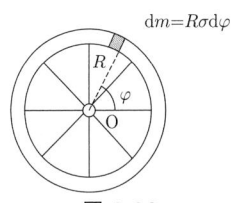

---

[4] 日常で用いる重さ（荷重）という言葉を使ったが，箱（物体）に働く重力の大きさのことであり，重量とも言い，単位は重力キログラム [kg·f] またはニュートン [N] である．また，働く重力は鉛直下方に向かうベクトル量である．

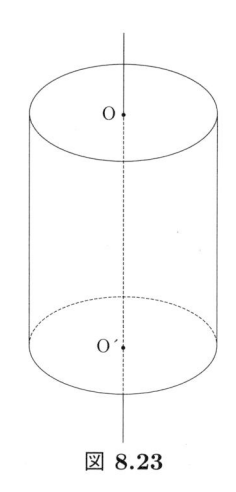

8.6 一様な薄い四角形板の慣性モーメント
辺の長さが a と b, 質量 M の薄い長方形の板がある. 重心 O を通り面に垂直な軸 z および面内にあり直交する軸 x と y の周りの慣性モーメント I_z, I_x, I_y を求めよ.

8.7 円柱の慣性モーメント
図 8.23 のように, 半径 R, 質量 M, 高さが h の密度が一様な円柱がある. この円柱の中心軸 OO′ に関する慣性モーメントを求めよ.

8.8 実体振り子の周期
例題 8.6 の実体振り子の周期 P を導出せよ.

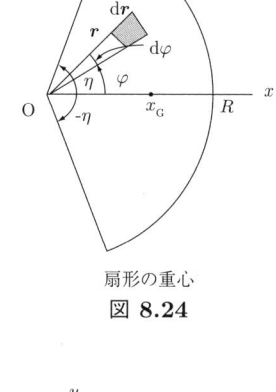

図 8.23

図 8.24 扇形の重心

演習問題 B

8.9 扇形の重心
図 8.24 のような, 半径 R の円の一部を切り取った一様な薄い扇形の重心の位置を求めよ.

8.10 直円錐の重心
図 8.25 のような, 底面の半径 R, 高さが h である密度が一様な直円錐の重心の位置を求めよ. さらに, 例題 8.3 にあるにんじんの重心の位置から左側の部分の質量を計算して見よ.

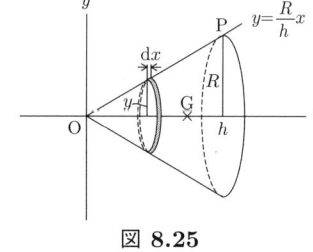

8.11 球の慣性モーメント
半径 R, 質量 M の一様な球がある. この球の中心を通る軸の周りの慣性モーメント I を求めよ.

図 8.25

8.12 実体振り子の運動方程式
例題 8.6 の実体振り子の運動方程式を導出せよ.

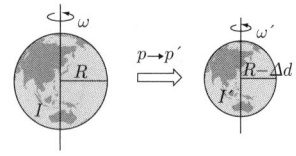

8.13 地球の半径が縮んだら, 一日の長さはどうなるか
図 8.26 のように, 地球の半径 R が Δd だけ短くなると一日の長さに及ぼす影響はどれ程か. 但し, 地球は密度が一様な質量 M の球とし, 自転による角運動量が保存するとして考えよ.

図 8.26 自転周期の変化

<トピックス：回転する卵の不思議>

鶏の卵をテーブルの上で回転させるとどういうことが起こるだろう？生の卵とゆで卵を区別するためにテーブルの上で卵を回転させた経験があるだろう．そのとき，生の卵は回転がすぐに止まるが，ゆでた卵は回り続ける．

テーブルの上に固ゆでにした卵[5]を置き，図 8.27 のように卵をテーブルと垂直な軸の周りに勢いよく回転させると回転が変化して丸い端を下にして回転をするようになる．すなわち，卵が立つのである．このとき，尖った端ではなく丸い端が下になる．また，一様な密度の材質，例えば金属や木材やプラスチックなどで同じ卵の形を作った場合には，回転させた卵は尖った端を下にして立つという．いずれにしても卵が立つということは，重力が働いている状況で卵の重心が止まっているときより高くなり，位置エネルギーが増加することを意味する．

以前より知られていたこの回転する卵の立ち上がりは，理論的に解かれた問題とされていたのだが，厳密な扱いが与えられたのは 2002 年のことである．詳細な説明はこの書物の範囲を超えるが，ゆで卵の対称軸からの重心のずれと僅かな滑り摩擦（Jellet 定数）がこの現象を引き起こすのである．似た現象として逆立ちゴマがあり，その場合にも回転時には重心が高い方が安定である．剛体の力学として非常に興味深い例である．

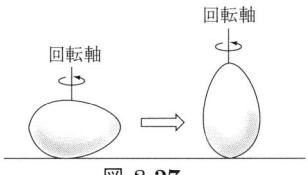

図 8.27

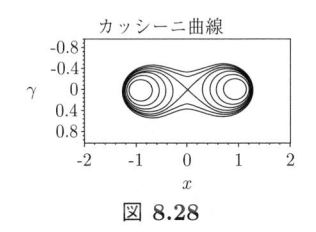

図 8.28

---

[5] 卵の形を表す曲線として図 8.28 のような Cassini の卵形曲線（Cassinian oval）がある．

演習問題の解答

1.1

(1) $\displaystyle\lim_{\Delta x\to 0}\frac{\frac{1}{x+\Delta x}-\frac{1}{x}}{\Delta x}=\lim_{\Delta x\to 0}\frac{1}{\Delta x}\frac{x-(x+\Delta x)}{x(x+\Delta x)}$

$\displaystyle =\lim_{\Delta x\to 0}\frac{1}{\Delta x}\frac{-\Delta x}{x(x+\Delta x)}=-\frac{1}{x^2}$

(2) $\displaystyle\lim_{\Delta x\to 0}\frac{\sqrt{x+\Delta x}-\sqrt{x}}{\Delta x}$

$\displaystyle =\lim_{\Delta x\to 0}\frac{1}{\Delta x}\frac{(x+\Delta x)-x}{\sqrt{x+\Delta x}+\sqrt{x}}=\frac{1}{2\sqrt{x}}$

(3) $\displaystyle\lim_{\Delta x\to 0}\frac{e^{x+\Delta x}-e^x}{\Delta x}=\lim_{\Delta x\to 0}e^x\frac{(e^{\Delta x}-1)}{\Delta x}$

$e^{\Delta x}-1=\dfrac{1}{t}$ とおくと，$\Delta x\to 0$ に対応して

$t\to\infty$ となる．また，$\Delta x=\log\left(1+\dfrac{1}{t}\right)$ と書けるので，

$\displaystyle e^x\lim_{t\to\infty}\frac{1}{t\log(1+\frac{1}{t})}=e^x\lim_{t\to\infty}\frac{1}{\log(1+\frac{1}{t})^t}$

$\displaystyle =e^x\frac{1}{\log e}=e^x$

(4) $\displaystyle\lim_{\Delta x\to 0}\frac{\log(x+\Delta x)-\log x}{\Delta x}=\lim_{\Delta x\to 0}\frac{\log(1+\frac{\Delta x}{x})}{\Delta x}$

$\dfrac{\Delta x}{x}=\dfrac{1}{t}$ とおくと，$\Delta x\to 0$ に対応して

$t\to\infty$ となり，

$\displaystyle\lim_{t\to\infty}\frac{t}{x}\log\left(1+\frac{1}{t}\right)=\lim_{t\to\infty}\frac{1}{x}\log\left(1+\frac{1}{t}\right)^t$

$\displaystyle =\frac{1}{x}\log e=\frac{1}{x}$

1.2

(1) $3x^2+2x$

(2) $\dfrac{3x+1}{2\sqrt{x}}$

(3) $\cos^2 x-\sin^2 x$

(4) $(x+1)^2 e^x$

(5) $\log x$

(6) $2e^x\cos x$

(7) $-\dfrac{1}{\sin^2 x}$

(8) $\dfrac{1}{(x+1)^2}$

(9) $\dfrac{-3x^2+14x+3}{(x^2+1)^2}$

(10) $-\dfrac{1}{2x\sqrt{x}}$

(11) $\dfrac{1-\log x}{x^2}$

(12) $\dfrac{1-x}{e^x}$

(13) $-\dfrac{1}{x(\log x)^2}$

(14) $-\dfrac{\sin x+x\cos x}{x^2\sin^2 x}$

1.3

(1) $\dfrac{x}{\sqrt{x^2+3}}$

(2) $\dfrac{(2x+1)^7(34x+1)}{2\sqrt{x}}$

(3) $3\cos 3x$

(4) $-5e^{-5x+3}$

(5) $-2xe^{-x^2+1}$

(6) $\dfrac{1}{x-1}$

(7) $-3\cos^2 x\sin x$

(8) $e^{-2x}(-2\sin 5x+5\cos 5x)$

(9) $\dfrac{\cos x}{\sin x}=\cot x$

1.4

(1) $\dfrac{\mathrm{d}h}{\mathrm{d}t} = v_0 - gt$

(2) $\dfrac{\mathrm{d}V}{\mathrm{d}r} = 4\pi r^2$

(3) $\dfrac{\mathrm{d}F}{\mathrm{d}r} = -2\dfrac{GMm}{r^3}$

(4) $\dfrac{\mathrm{d}f}{\mathrm{d}x} = \dfrac{2\pi A}{\lambda}\cos 2\pi\left(\dfrac{x}{\lambda} - \dfrac{t}{T}\right)$

1.5

(1) $\left(\dfrac{1}{x+1}\right)'' = \left(\dfrac{-1}{(x+1)^2}\right)' = \dfrac{2}{(x+1)^3}$

(2) $\left(\log(x^2+1)\right)'' = \left(\dfrac{2x}{x^2+1}\right)' = \dfrac{-2(x^2-1)}{(x^2+1)^2}$

(3) $(x^2 e^{-x})'' = ((2x - x^2)e^{-x})'$
$= e^{-x}(x^2 - 4x + 2)$

1.6

(1) $\dfrac{1}{9}\left[(3x-1)^3\right]_{-1}^{1} = 8$

(2) $\left[-3\cos\dfrac{t+\pi}{3}\right]_{\pi}^{0} = -3$

(3) $\left[\dfrac{1}{4}\sin^4 x\right]_{0}^{\pi/2} = \dfrac{1}{4}$

(4) $1 + x^2 = t$ とおくと $2x\mathrm{d}x = \mathrm{d}t$ なので
$\dfrac{1}{2}\int_1^2 \dfrac{1}{t}\mathrm{d}t = \dfrac{1}{2}[\log t]_1^2 = \dfrac{1}{2}\log 2$

(5) $t = 1 + x$ とおく
$\int_0^1 (t-1)t^6\, \mathrm{d}t = \left[\dfrac{t^8}{8} - \dfrac{t^7}{7}\right]_0^1 = -\dfrac{1}{56}$

(6) $\Big[\log|\log x|\Big]_{e}^{e^2} = \log 2$

(7) $\dfrac{1}{2}\left\{[x^2 \log x]_1^e - \int_1^e x^2 (\log x)'\mathrm{d}x\right\}$
$= \dfrac{1}{4}(e^2 + 1)$

(8) $\dfrac{1}{2}\left\{[xe^{2x}]_0^1 - \int_0^1 e^{2x}\,\mathrm{d}x\right\} = \dfrac{e^2+1}{4}$

(9) $\dfrac{1}{2}\left\{[x\sin 2x]_0^\pi - \int_0^\pi \sin 2x\,\mathrm{d}x\right\} = 0$

(10) $I = \int_0^\pi e^{-x}\sin x\,\mathrm{d}x$
$= -\left\{\Big[e^{-x}\sin x\Big]_0^\pi - \int_0^\pi e^{-x}\cos x\,\mathrm{d}x\right\}$
$= -\left\{\Big[e^{-x}\cos x\Big]_0^\pi - \int_0^\pi e^{-x}(-\sin x)\mathrm{d}x\right\}$
$= e^{-\pi} + 1 - I$

よって, $I = \dfrac{e^{-\pi}+1}{2}$

(11) $\int_1^2 \dfrac{1}{2}\dfrac{(x^2 - 8x + 4)'}{x^2 - 8x + 4}\mathrm{d}x$
$= \dfrac{1}{2}\Big[\log|x^2 - 8x + 4|\Big]_1^2$
$= \dfrac{1}{2}\log\dfrac{8}{3}$

(12) $\int_2^3 \dfrac{1}{(x+4)(x-4)}\mathrm{d}x$
$= \dfrac{1}{8}\int_2^3 \left(\dfrac{1}{x-4} - \dfrac{1}{x+4}\right)\mathrm{d}x$
$= \dfrac{1}{8}\left[\log\left|\dfrac{x-4}{x+4}\right|\right]_2^3$
$= \dfrac{1}{8}\log\dfrac{3}{7}$

1.7

(1) $S = \int_0^\pi \sin x\,\mathrm{d}x = 2$

(2) $S = \int_0^1 (x - x^2)\mathrm{d}x = \dfrac{1}{6}$

(3) $S = \int_{-1}^2 \{(x+2) - x^2\}\,\mathrm{d}x = \dfrac{9}{2}$

1.8

図 A1.1 参照

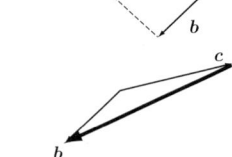

(1)

(2)

(3)

(4)

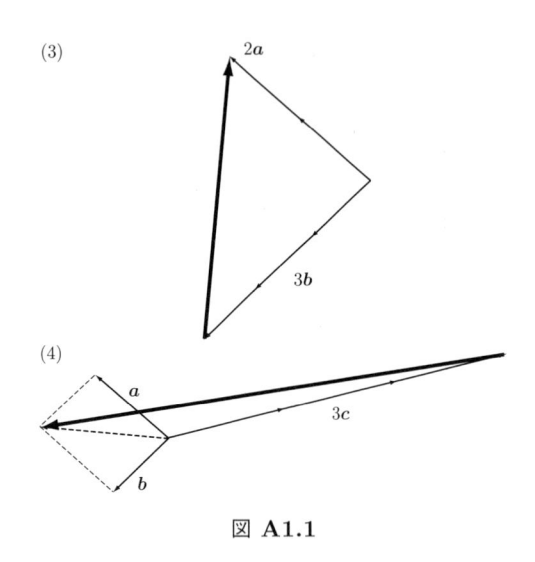

図 A1.1

1.9

(1) $x = \sqrt{2^2 + (2\sqrt{3})^2} = 4$, $\boldsymbol{x}$ に平行な単位ベクトルは $\pm \hat{\boldsymbol{x}} = \pm \dfrac{\boldsymbol{x}}{x} = \pm \left(\dfrac{1}{2}, \dfrac{\sqrt{3}}{2}\right)$

(2) $\boldsymbol{x} - \boldsymbol{y} = (2, 2\sqrt{3}) - (3, -\sqrt{3}) = (-1, 3\sqrt{3})$

(3) $\boldsymbol{x} \cdot \boldsymbol{y} = 0$ より $90°$

1.10

(1) $a_x = -5\cos 30° = -\dfrac{5\sqrt{3}}{2}$, $a_y = 5\sin 30° = \dfrac{5}{2}$

(2) $b_x = 0$, $b_y = -10$

$\boldsymbol{a} + \boldsymbol{b} + \boldsymbol{c} = \boldsymbol{0}$ を成分表示すると,

$\left(-\dfrac{5\sqrt{3}}{2} + 0 + c_x, \dfrac{5}{2} - 10 + c_y\right) = (0, 0)$

これより, $c_x = \dfrac{5\sqrt{3}}{2}$, $c_y = \dfrac{15}{2}$,

$c = \sqrt{\left(\dfrac{5\sqrt{3}}{2}\right)^2 + \left(\dfrac{15}{2}\right)^2} = 5\sqrt{3}$

$\cos\theta = \dfrac{c_x}{c} = \dfrac{1}{2}$ より, $\theta = 60°$

1.11

(1) $|\boldsymbol{a} - \boldsymbol{b}| = 4$ の両辺を 2 乗すると

$(\boldsymbol{a} - \boldsymbol{b})^2 = \boldsymbol{a} \cdot \boldsymbol{a} + \boldsymbol{b} \cdot \boldsymbol{b} - 2\boldsymbol{a} \cdot \boldsymbol{b} = 16$

$\boldsymbol{a} \cdot \boldsymbol{a} = 25$, $\boldsymbol{b} \cdot \boldsymbol{b} = 9$ より, $\boldsymbol{a} \cdot \boldsymbol{b} = 9$

(2) $(\boldsymbol{a} + \boldsymbol{b}) \cdot (\boldsymbol{a} + 2\boldsymbol{b}) = a^2 + 2b^2 + 3\boldsymbol{a} \cdot \boldsymbol{b} = 70$

1.12

$\boldsymbol{a} \times \boldsymbol{b} = (-3, 6, -3)$

1.13

(1) $\boldsymbol{A} = (A_x, A_y, A_z)$, $\boldsymbol{B} = (B_x, B_y, B_z)$
$\boldsymbol{C} = (C_x, C_y, C_z)$ と表すと
$\boldsymbol{A} \cdot (\boldsymbol{B} \times \boldsymbol{C})$
$= (A_x, A_y, A_z) \cdot (B_y C_z - B_z C_y, B_z C_x - B_x C_z, B_x C_y - B_y C_x)$
$= A_x(B_y C_z - B_z C_y) + A_y(B_z C_x - B_x C_z) + A_z(B_x C_y - B_y C_x)$

(2) $\boldsymbol{B} \times \boldsymbol{C}$ ベクトルと $\boldsymbol{A}$ ベクトルがなす角を θ とすると,
$\boldsymbol{A} \cdot (\boldsymbol{B} \times \boldsymbol{C}) = A|\boldsymbol{B} \times \boldsymbol{C}|\cos\theta$
$|\boldsymbol{B} \times \boldsymbol{C}|$ は立体の底面積, $A\cos\theta$ は立体の高さを表しているから, スカラー 3 重積は立体の体積を表している.

(3) $\boldsymbol{A} \times (\boldsymbol{B} \times \boldsymbol{C})$
$= A_y(B_x C_y - B_y C_x) - A_z(B_z C_x - B_x C_z),$
$A_z(B_y C_z - B_z C_y) - A_x(B_x C_y - B_y C_x),$
$A_x(B_z C_x - B_x C_z) - A_y(B_y C_z - B_z C_y))$
$= ((A_x C_x + A_y C_y + A_z C_z)B_x - (A_x B_x + A_y B_y + A_z B_z)C_x, (A_x C_x + A_y C_y + A_z C_z)B_y - (A_x B_x + A_y B_y + A_z B_z)C_y, (A_x C_x + A_y C_y + A_z C_z)B_z - (A_x B_x + A_y B_y + A_z B_z)C_z) = (\boldsymbol{A} \cdot \boldsymbol{C})\boldsymbol{B} - (\boldsymbol{A} \cdot \boldsymbol{B})\boldsymbol{C}$

2.1

移動距離 $80\,\mathrm{m}$, 変位 $-20\,\mathrm{m}$

2.2

(1) $\bar{v} = \dfrac{200}{24} \approx 8.3$ m/s

時速にすると, $\dfrac{0.2\,\text{km}}{\frac{24}{3600}\text{h}} = 30$ km/h

(2) (a) $3 - 8 = -5$ m

(b) $\dfrac{3-8}{3-1} = -2.5$ m/s, x 軸負の向き, 速度の大きさ 2.5 m/s

(3) $\dfrac{-2-8}{3-1} = -5$ m/s^2, x 軸負の向き, 加速度の大きさ 5 m/s^2

2.3

$v_{A \to B} = 15 - 10 = 5$, 東向きに 5 m/s

$v_{B \to A} = 10 - 15 = -5$, 西向きに 5 m/s

$v_{A \to B} = -15 - 10 = -25$, 西向きに 25 m/s

2.4

(1) (a) 東向きに 9.0 m/s
(b) 東向きに 0.5 m/s
(c) 西向きに 1.0 m/s
(d) 西向きに 10.5 m/s

(2) (a) 東向きに 7.0 m/s
(b) 東向きに 0.5 m/s
(c) 西向きに 9.5 m/s
(d) 西向きに 6.5 m/s
(e) 東向きに 5.5 m/s

2.5

(1) $2.0 \times t = 80$ より $t = 40$ s

(2) $\dfrac{1}{2} \times 2 \times 40^2 = 1600$ m

(3) 飛行機は $80 - 10 = 70$ m/s の速さで離陸する. $2.0 \times t = 70$ より $t = 35$ s

2.6

(1) $v(t) = -4t + 4$, $a(t) = -4$

(2) $v(t) = A\omega\cos\omega t$, $a(t) = -A\omega^2 \sin\omega t$

(3) $v(t) = ce^{-t}$, $a(t) = -ce^{-t}$

(4) $v(t) = e^{-t}(\cos t - \sin t)$, $a(t) = -2e^{-t}\cos t$

2.7

(1) 5 s

(2) $5 \times 10 \times \dfrac{1}{2} = 25$ m

(3) $t \times 10 \times \dfrac{1}{2} = 100$ より $t = 20$ s,

$a = \dfrac{10}{20} = 0.5$ m/s^2

2.8

(1) $v = 3.0 + at$, $x = 3t + \dfrac{1}{2}at^2$

$t = 6$, $x = 4.5$ より $a = -0.75$ m/s^2

(2) $x = 3t - \dfrac{3}{8}t^2$ のグラフより, $t = 4$ s のときに最大となり, そのとき $v = 0$ m/s, $x = 6$ m.

(3) グラフより再び原点を通過するのは $t = 8$ s のとき. そのとき, $v = -3$ m/s

2.9

(1) 図 A2.1 参照

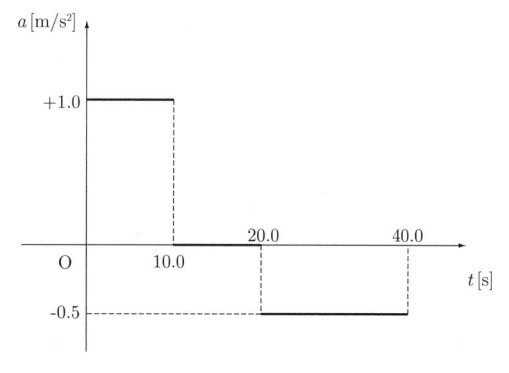

図 A2.1

(2) v-t グラフの面積より, $10 \times 10 \times \dfrac{1}{2} + 10 \times 10 = 150$ m

(3) $0 \leqq t \leqq 10 : x = \dfrac{1}{2}t^2$

$10 \leqq t \leqq 20 : x = 50 + 10(t - 10)$

$20 \leqq t \leqq 40 : x = 150 + 10(t - 20) - \dfrac{1}{4}(t - 20)^2$

2.10

(1) $\Delta \boldsymbol{r}_{A\to B} = (4,6) - (1,2) = (3,4)$

(2) $\boldsymbol{r}_C = \Delta \boldsymbol{r}_{B\to C} + \boldsymbol{r}_B = (5,-8) + (4,6)$
$= (9,-2)$

(3) $\Delta \boldsymbol{r}_{A\to C} = \boldsymbol{r}_C - \boldsymbol{r}_A = (8,-4)$

(4) $5 + \sqrt{89}$

2.11

(1) 対岸に着くまでの時間 $t = \dfrac{w}{V}$
川下に流される距離 $x = vt = v\dfrac{w}{V}$

(2) 図 A2.2 より合成速度が上向きになればよいので, $\sin\theta = \dfrac{\sqrt{V^2-v^2}}{V}$

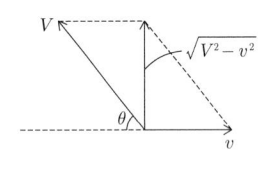

図 A2.2

2.12

(1) $\boldsymbol{v}(t) = (-r\omega \sin\omega t, r\omega \cos\omega t)$,
$v = \sqrt{(-r\omega\sin\omega t)^2 + (r\omega\cos\omega t)^2} = r\omega$

(2) $\boldsymbol{r}\cdot\boldsymbol{v} = 0$ より $\boldsymbol{r}\perp\boldsymbol{v} = 0$

(3) $\boldsymbol{a}(t) = (-r\omega^2\cos\omega t, -r\omega^2\sin\omega t)$
$a = \sqrt{(-r\omega^2\cos\omega t)^2 + (-r\omega^2\sin\omega t)^2}$
$= r\omega^2$

(4) $\boldsymbol{a} = -\omega^2\boldsymbol{r}$ と書けるので, $\boldsymbol{r}$ と反対向き.

2.13

軌道上に x 軸をとり, 列車の加速度を a とし, $t=0$ で前端が $x=0$ にあり, 速度が v_1 であったとすると, 時刻 t での前端の位置は $x = v_1 t + \dfrac{1}{2}at^2$
列車の長さを l とすると, そのときの後端の位置は $x = -l + v_1 t + \dfrac{1}{2}at^2$

これより後端が $x=0$ にきた時刻は, $t_2 = \dfrac{1}{a}(-v_1 + \sqrt{v_1^2 + 2al})$
そのときの列車の速度は v_2 であるから
$v_2 = v_1 + at_2 = \sqrt{v_1^2 + 2al}$
よって $v_2^2 - v_1^2 = 2al$
列車の中央が $x=0$ を通過する速度 v は式で l を $l/2$ に変えたものと同じになるから $v^2 - v_1^2 = al$
これらより $v = \sqrt{(v_1^2 + v_2^2)/2}$

2.14

(1) 等加速度運動で, 列車の速度が 0 から v に達した時刻を t_1 とすると. $v = at_1$, よって
$t_1 = \dfrac{v}{a}$
減速の等加速度運動に注目して, $0 = v - \dfrac{a}{2}(T - t_1 - t)$. これらの式より $t = T - t_1 - \dfrac{2v}{a} = T - \dfrac{3v}{a}$
よって等速度運動の間の走行距離は,
$l = vt = v\left(T - \dfrac{3v}{a}\right)$

(2) 図 A2.3 のグラフの面積より,
$L = \dfrac{t+T}{2}v = v\left(T - \dfrac{3v}{2a}\right)$

(3) $\dfrac{T}{2} = T - \dfrac{3v}{a}$ よって, $v = \dfrac{1}{6}aT$

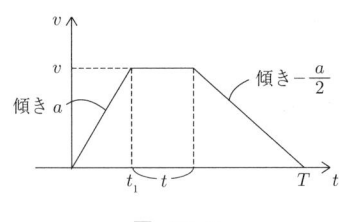

図 A2.3

3.1
図 A3.1 参照

図 A3.1

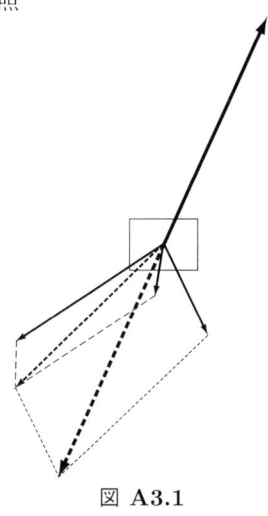

3.2

(1) ばね定数を k とすると, $0.2 \times 9.8 = k \times 0.2$
よって, $k = 9.8$ N/m

(2) $30 \times 0.05 = 1.5$ N

3.3
水平方向と鉛直方向の力のつり合いの関係より,
$T \cos\theta = mg \cos\theta$
$T \sin\theta + mg \sin\theta = mg$
となるので, 上式より $T = mg$ となり, 下式より $\sin\theta = 1/2$. よって, $\theta = 30°$

3.4

(1) 図 A3.2 参照

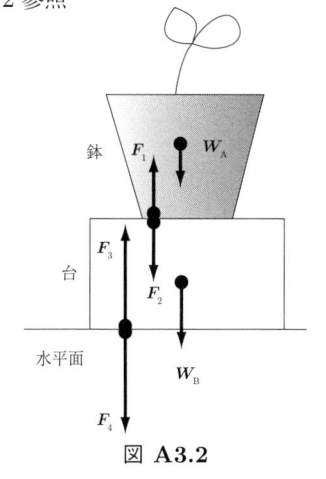

図 A3.2

(2) 作用反作用：F_1 と F_2, F_3 と F_4
つり合い：W_A と F_1, $F_2 + W_B$ と F_3

(3) 地球が鉢から受ける力

(4) $F_1 = W_A$, $F_2 = W_A$, $F_3 = W_A + W_B$, $F_4 = W_A + W_B$,

3.5

(1) 図 A3.3 参照

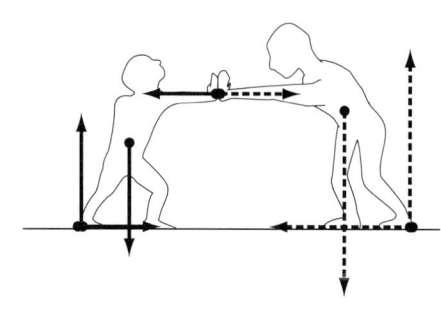

図 A3.3

(2) 2 人が手で押し合う力

(3) 大人, 子供の土俵との静止摩擦係数が等しいならば垂直抗力が大きい大人の方が最大静止摩擦力が大きいため.

3.6
$F = 6.672 \times 10^{-11} \times \dfrac{6.0 \times 10^{24} \times 7.3 \times 10^{22}}{(3.8 \times 10^8)^2} \approx 2.0 \times 10^{20}$ N

3.7

(1) 垂直抗力は $N = 0.5 \times 9.8 + 1.0 = 5.9$ N. よって最大静止摩擦力は $5.9 \times 0.6 = 3.54$ N.

(2) 垂直抗力は $N = 0.5 \times 9.8 - 1.0 = 3.9$ N. よって最大静止摩擦力は $3.9 \times 0.6 = 2.34$ N.

3.8

(1) 図 A3.4 のような力のつり合いの関係が成り立つ. 摩擦力は斜面に沿って上向きで $f = mg \sin\theta$

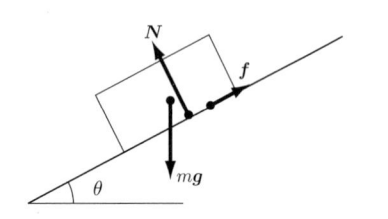

図 A3.4

(2) 摩擦力の向きは斜面に沿って下向きであり、
$F = mg(\sin\theta + \mu\cos\theta)$

3.9
等速度で運動しているので，各物体に働く力はつり合っている．水平方向に対して各物体のつり合いの式は
$F = \mu' m_A g + T_{AB}$
$T_{AB} = \mu' m_B g + T_{BC}$
$T_{BC} = \mu' m_C g$
これを解いて，
$T_{BC} = \mu' m_C g$
$T_{AB} = \mu'(m_B + m_C)g$
$F = \mu'(m_A + m_B + m_C)g$

3.10
(1) $F = 30 \times 4 = 120$ N

(2) $a = \dfrac{F}{m} = \dfrac{12}{2} = 6$ m/s^2

(3) 6 s 後の速度は $v = 30 - 6a$ で与えられるのでそのときに $v = 0$ となるのは $a = 5$ m/s^2．よって，
$F = 20 \times 5 = 100$ N

(4) $a = \dfrac{20}{2} = 10$ m/s^2, $v = 10 \times 3 = 30$ m/s

3.11
(1) $\dfrac{30 - 20}{5} = 2$ m/s^2

(2) $F = 1000 \times 2 = 2000$ N

3.12
人に対する運動方程式を書き下すと，$N - 60 \times 9.8 = 60 \times 2$ より $N = 708$ N
体重計が指す針の位置は垂直抗力の大きさから決まるので，$708/9.8 = 72.2$ kg

3.13
(1) 9.8 N

(2) 9.8 N

(3) 鉛直下向きを正とすると $9.8 - T = 1 \times 1.2$,
∴ $T = 8.6$ N

(4) 鉛直上向きを正とすると $T - 9.8 = 1 \times 1.2$,
∴ $T = 11.0$ N

(5) 鉛直上向きを正とすると $6.0 - 9.8 = 1 \times a$,
∴ 下向きに $a = 3.8$ m/s^2

3.14
(1) つり合っているとき，
$Mg = mg\sin\theta$ より，$M = m\sin\theta$

(2) 物体 A および B に成り立つ運動方程式はそれぞれ
$T - mg\sin\theta = ma$
$Mg - T = Ma$
より $Mg - mg\sin\theta = (M + m)a$
∴ $a = \dfrac{M - m\sin\theta}{M + m}g$,
$T = M(g - a) = \dfrac{Mmg}{M + m}(1 + \sin\theta)$

3.15
3 つの物体 A, B, C に対してそれぞれ運動方程式をたてると，
$9.0 - T_{AB} - 0.2 \times 9.8 = 0.2a$
$T_{AB} - T_{BC} - 0.2 \times 9.8 = 0.2a$
$T_{BC} - 0.2 \times 9.8 = 0.2a$
これより，$a = 5.2$ m/s^2, $T_{AB} = 6.0$ N, $T_{BC} = 3.0$ N

3.16
(1) 6.0 N

(2) 動摩擦力は一定であるので，6.0 N．物体 A と B に対する運動方程式はそれぞれ
$14 - f = 2a$

$$f - 6.0 = 2a$$

となるので, $a = 2 \text{ m/s}^2, f = 2 \times 2 + 6 = 10$ N

3.17

(1) $Mg\sin\theta = \mu Mg\cos\theta$,

$\therefore \mu = \tan\theta$

(2) $Mg\sin\theta - \mu' Mg\cos\theta = Ma$

$\therefore a = g(\sin\theta - \mu'\cos\theta)$

3.18

(1) A と B に成り立つ運動方程式はそれぞれ

$Ma = F - \mu mg$

$ma = \mu mg$

より, $a = \mu g$, $F = (M+m)\mu g$

(2) A と B に成り立つ運動方程式はそれぞれ

$Ma = \mu mg$

$ma = F - \mu mg$

より $a = \mu \dfrac{m}{M} g$, $F = \mu mg\left(1 + \dfrac{m}{M}\right)$

3.19

(1) $T = Mg$

(2) $a = g$

(3) 左側と右側のおもりが従う運動方程式はそれぞれ,

$T - Mg = Ma$

$(M+m)g - T = (M+m)a$

これから T を消去して $a = \dfrac{m}{2M+m} g$

3.20

(1) 地上に立っている観測者の立場（慣性系）での説明：

物体はひもが斜めになった状態で電車と同じ加速度 $\boldsymbol{a}$ で動いている．よって，おもりの質量を m とすると，おもりには進行方向（水平方向）に $m\boldsymbol{a}$ の合力が働いていなければならない．その合力は糸の張力 $\boldsymbol{T}$ と重力 $m\boldsymbol{g}$ の和である．つまり，$\boldsymbol{F} = m\boldsymbol{a} = \boldsymbol{T} + m\boldsymbol{g}$ である．したがって図 A3.5(a) から張力の大きさは $T = \sqrt{(ma)^2 + (mg)^2}$ である．ひもの傾き θ は $\tan\theta = \dfrac{a}{g}$ となるような角である．

(2) 加速中の電車の中にいる観測者の立場（非慣性系）からの説明：

天井からひもでつり下げられた物体は，ひもの張力 $\boldsymbol{T}$ と下向きの重力 $m\boldsymbol{g}$ と水平方向の慣性力 $-m\boldsymbol{a}$ がつり合って静止している．

$$\boldsymbol{T} + m\boldsymbol{g} + (-m\boldsymbol{a}) = 0$$

したがって，図 A3.5(b) より張力の大きさは $T = \sqrt{(ma)^2 + (mg)^2}$ である．また，ひもの傾き θ は $\tan\theta = \dfrac{g}{a}$ となるような角である．

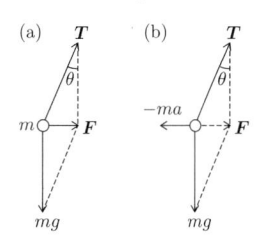

図 A3.5

3.21

(1) ばねを切る前では，ばね定数を k_0 とすると

$$Mg = k_0(l - l_0)$$
$$k_0 = \dfrac{Mg}{l - l_0}$$

が成立する．今，これを長さ $\dfrac{2}{3}l_0$ と $\dfrac{1}{3}l_0$ をもつ 2 つのばねがつながったものとして見直す．上 $\dfrac{2}{3}l_0$，および下 $\dfrac{1}{3}l_0$ のばね定数をそれぞれ k_1, k_2 とすると，上側のばねでは

$$Mg = k_1 \dfrac{2}{3}(l - l_0)$$
$$\therefore k_1 = \dfrac{3}{2}\dfrac{Mg}{l - l_0} = \dfrac{3}{2} k_0,$$

下側のばねでは

$$Mg = k_2 \frac{1}{3}(l - l_0)$$
$$\therefore k_2 = \frac{3Mg}{l - l_0} = 3k_0$$

（一般に，ばね定数 k_1 と k_2 をもつ 2 つのばねが直列につながっているとき，全体のばねのばね定数 k_0 との間には

$$\frac{1}{k_0} = \frac{1}{k_1} + \frac{1}{k_2}$$

が成立する。）

ばねを切って上 $\frac{2}{3}l_0$ のみがあるとき，求めるばねの長さを l' とすると，

$$m_1 g = k_1\left(l' - \frac{2}{3}l_0\right) = \frac{3}{2}\frac{Mg}{l - l_0}(l' - \frac{2}{3}l_0)$$
$$\therefore l' = \frac{2}{3}\left[l_0 + \frac{m_1}{M}(l - l_0)\right]$$

(2) ばねの上側と下側がそれぞれ長さ l_1, l_2 になったとすると，図 A3.6 よりそれぞれのおもりにはたらく力のつり合いの式は

上のおもり：$m_1 g + k_2\left(l_2 - \frac{1}{3}l_0\right)$
$$= k_1\left(l_1 - \frac{2}{3}l_0\right)$$
下のおもり：$m_2 g = k_2\left(l_2 - \frac{1}{3}l_0\right)$

これらを l_1, l_2 の連立方程式として解いて，全長は

$$l_1 + l_2 = l_0 + \frac{2m_1 + 3m_2}{3M}(l - l_0)$$

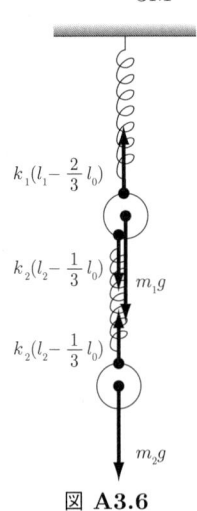

図 **A3.6**

3.22

おもり C の加速度を β とし，鉛直下向きを正とする．滑車 P_1 の観測者から見ると，おもり A，B には大きさがそれぞれ $m\beta$, $2m\beta$ の慣性力が鉛直下向きに働いている．よってこの観測者（滑車 P_1）から見たおもり A および B の加速度の大きさを α とし，おもり A(B) に対して鉛直下向きを負（正）とすると，おもり A，B の運動方程式は，

A：$m\alpha = T_a - mg - m\beta$
B：$2m\alpha = 2mg - T_a + 2m\beta$

となる．一方，

C：$3m\beta = 3mg - T_b$
滑車 P_1：$T_b = 2T_a$

が成り立つ．これらより，

(1) $\beta = \frac{1}{17}g$,

(2) $a_B = \alpha - \beta = \frac{5}{17}g$, $T_a = \frac{24}{17}mg$,

(3) $T_b = \frac{48}{17}mg$

4.1

(1) 運動方程式は，

$$m\frac{dv}{dt} = -mg$$

である．両辺を t で積分して，

$$v(t) = -gt + C_1$$

となる．$v(0) = v_0$ より，$C_1 = v_0$ であるので，

$$v(t) = -gt + v_0$$

である．

(2) $v = \frac{dy}{dt}$ より，$\frac{dy}{dt} = -gt + v_0$. 両辺を t で積分して，

$$y(t) = -\frac{1}{2}gt^2 + v_0 t + C_2$$

である．$y(0) = H$ より，$C_2 = H$ であるので，

$$y(t) = -\frac{1}{2}gt^2 + v_0 t + H$$

である．

(3) $y = 0$ となる時刻を求めればよい．
$$-\frac{1}{2}gt^2 + v_0 t + H = 0$$
$$gt^2 - 2v_0 t - 2H = 0$$

であるので，
$$t = \frac{v_0 \pm \sqrt{v_0^2 + 2gH}}{g}$$

となり，$t > 0$ であるので，
$$t = \frac{v_0 + \sqrt{v_0^2 + 2gH}}{g}$$

である．また，そのときの速度は
$$v\left(\frac{v_0 + \sqrt{v_0^2 + 2gH}}{g}\right) = -\sqrt{v_0^2 + 2gH}$$

である．

4.2

物体に働く重力の x 軸方向の成分は $mg\sin\theta$ なので，運動方程式は，
$$m\frac{\mathrm{d}v}{\mathrm{d}t} = mg\sin\theta$$

である．両辺を t で積分して，
$$v(t) = (g\sin\theta)t + C_1$$

となる．また，$v = \dfrac{\mathrm{d}x}{\mathrm{d}t}$ より，$\dfrac{\mathrm{d}x}{\mathrm{d}t} = (g\sin\theta)t + C_1$．両辺を t で積分して，
$$x(t) = \frac{1}{2}(g\sin\theta)t^2 + C_1 t + C_2$$

となる．

[1]

(1) $v(0) = 0$ より，$C_1 = 0$，
$x(0) = 0$ より，$C_2 = 0$，
であるので，
$$v(t) = (g\sin\theta)t$$
$$x(t) = \frac{1}{2}(g\sin\theta)t^2$$

である．

(2) $x(t_1) = l$ より，
$$\frac{1}{2}(g\sin\theta)t_1^2 = l$$

である．よって，$t_1 > 0$ より，
$$t_1 = \sqrt{\frac{2l}{g\sin\theta}}$$

また，
$$v_1 = v\left(\sqrt{\frac{2\ell}{g\sin\theta}}\right)$$
$$= (g\sin\theta)\sqrt{\frac{2\ell}{g\sin\theta}}$$
$$= \sqrt{2gl\sin\theta}$$

である．

[2]
$v(0) = -v_0$ より，$C_1 = -v_0$，
$x(0) = 0$ より，$C_2 = 0$，
である．よって，
$$v(t) = (g\sin\theta)t - v_0$$
$$x(t) = \frac{1}{2}(g\sin\theta)t^2 - v_0 t$$

である．$x(t_2) = 0$ より，
$$\frac{1}{2}(g\sin\theta)t_2^2 - v_0 t_2 = l$$

である．よって，$t_2 > 0$ より，
$$\frac{v_0 + \sqrt{v_0^2 + 2gl\sin\theta}}{g\sin\theta}$$

である．

4.3

(1) 運動方程式は，
$$m\frac{\mathrm{d}v}{\mathrm{d}t} = -mg - bv$$

である．両辺を $mg + bv$ で割り，t で積分すると，
$$\int \frac{m}{mg + bv}\mathrm{d}v = -\int dt$$

であり，積分を計算した後に v について解くと，

$$v = \frac{1}{b}\left(-mg + C \cdot e^{-\frac{b}{m}t}\right)$$

である．$v(0) = v_0$ より，

$$\frac{1}{b}\left(-mg + C \cdot e^0\right) = v_0$$
$$C = mg + bv_0$$

であり，

$$v(t) = \frac{1}{b}\left\{-mg + (mg + bv_0)e^{-\frac{b}{m}t}\right\}$$

である．

(2) $v = 0$ となる時刻を求めればよい．

$$-mg + (mg + bv_0)e^{-\frac{b}{m}t} = 0$$

であるので，

$$t = \frac{m}{b}\log\left(1 + \frac{bv_0}{mg}\right)$$

である．

4.4

(1) おもりが位置 y にあるとき，このおもりに働く力は重力 mg とばねの弾性力 $-ky$ なので，運動方程式は，

$$ma = mg - ky$$

である．

(2) $a = \dfrac{\mathrm{d}^2 y}{\mathrm{d}t^2}$ より，運動方程式は，

$$m\frac{\mathrm{d}^2 y}{\mathrm{d}t^2} = mg - ky$$

となる．この式の両辺を m で割り，

$$\frac{\mathrm{d}^2 y}{\mathrm{d}t^2} = -\frac{k}{m}\left(y - \frac{mg}{k}\right)$$

である．ここで，$y - \dfrac{mg}{k} = Y$ と置くと，$\dfrac{\mathrm{d}^2 y}{\mathrm{d}t^2} = \dfrac{\mathrm{d}^2 Y}{\mathrm{d}t^2}$ より，

$$\frac{\mathrm{d}^2 Y}{\mathrm{d}t^2} = -\frac{k}{m}Y$$

である．この方程式の解を $Y = A\sin(\omega t + \phi)$ とすると，

$$\omega = \sqrt{\frac{k}{m}}$$

のとき，$Y = A\sin(\omega t + \phi)$ は方程式の解となる．初期条件は $v(0) = 0$，また，$y(0) = 0$ なので，

$$v(0) = 0 \text{ より}, A\omega\cos(0 + \phi) = 0,$$
$$Y(0) = y(0) - \frac{mg}{k} = -\frac{mg}{k} \text{ より},$$
$$A\sin(0 + \phi) = -\frac{mg}{k},$$

となる．$A > 0$ でこれらの連立方程式を解くと，$\phi = -\dfrac{\pi}{2}$，$A = \dfrac{mg}{k}$ である．以上より，

$$Y = \frac{mg}{k}\sin\left(\omega t - \frac{\pi}{2}\right)$$
$$= -\frac{mg}{k}\cos\omega t$$

となり，$y = Y + \dfrac{mg}{k}$ より，

$$y = \frac{mg}{k}(1 - \cos\omega t)$$

である．グラフは図 A4.1 のようになる．

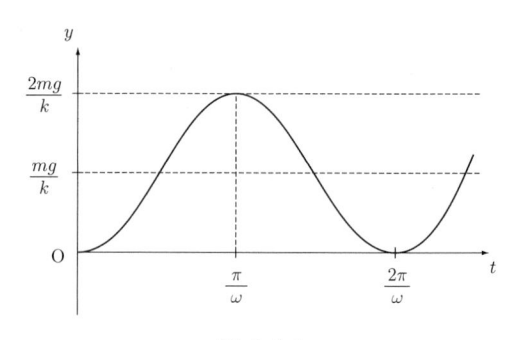

図 **A4.1**

(3) おもりの運動の周期は，

$$T = \frac{2\pi}{\omega} = 2\pi\sqrt{\frac{m}{k}}$$

である．

4.5

(1) 振り子の最下点 O から円弧に沿ってとった座標を s とする. 物体 P に働く力の運動方向の成分は $-mg\sin\theta$ となるので, 運動方程式は,

$$m\frac{\mathrm{d}^2 s}{\mathrm{d}t^2} = -mg\sin\theta$$

である. θ が十分に小さいときには $\sin\theta \simeq \theta$ と近似できるので,

$$m\frac{\mathrm{d}^2 s}{\mathrm{d}t^2} = -mg\theta$$

である. また, $s = l\theta$ より,

$$\frac{\mathrm{d}^2 s}{\mathrm{d}t^2} = -\frac{g}{l}s$$

である. この方程式の解を,

$$s = A\sin(\omega t + \phi)$$

とすると,

$$\frac{\mathrm{d}s}{\mathrm{d}t} = A\omega\cos(\omega t + \phi),$$
$$\frac{\mathrm{d}^2 s}{\mathrm{d}t^2} = -A\omega^2\sin(\omega t + \phi),$$

であるので, 方程式に代入して $\omega = \sqrt{\frac{g}{l}}$ のときに方程式の解となることがわかる. また,

$v(0) = v_0$, $v(+) = \dfrac{\mathrm{d}s}{\mathrm{d}t}$ より, $A\omega\cos\phi = v_0$

$s(0) = 0$ より, $A\sin\phi = 0$

となるので, $A > 0$ で連立方程式を解くと, $\phi = 0$, $A = \dfrac{v_0}{\omega}$ である. 以上より,

$$s(t) = \frac{v_0}{\omega}\sin\omega t$$

である. また, 振動の周期 T は,

$$T = \frac{2\pi}{\omega} = 2\pi\sqrt{\frac{l}{g}}$$

である.

4.6

[1] (1) 運動方程式は,

$$m\frac{\mathrm{d}\boldsymbol{v}}{\mathrm{d}t} = (0, -mg)$$

である. 両辺を t で積分して,

$$\boldsymbol{v}(t) = (C_1, -gt + C_2)$$

が得られる. 初期条件 $\boldsymbol{v}(0) = (v_0, 0)$ を満たすように C_1 および C_2 を決めると,

$$(C_1, C_2) = (v_0, 0)$$

である. よって,

$$\boldsymbol{v}(t) = (v_0, -gt)$$

である. また, $\boldsymbol{v} = \dfrac{\mathrm{d}\boldsymbol{r}}{\mathrm{d}t}$ であるので両辺を t で積分すると,

$$\boldsymbol{r}(t) = \left(v_0 t + C_3, -\frac{1}{2}gt^2 + C_4\right)$$

が得られる. 初期条件 $\boldsymbol{r}(0) = (0, H)$ を満たすように C_3 および C_4 を決めると,

$$(C_3, C_4) = (0, H)$$

である. よって,

$$\boldsymbol{r}(t) = \left(v_0 t, -\frac{1}{2}gt^2 + H\right)$$

である.

(2) 水面に落下した時刻を t_1 とすると,

$$-\frac{1}{2}gt_1^2 + H = 0$$

より,

$$t_1 = \sqrt{\frac{2H}{g}}$$

である. このときの物体の位置は,

$$\boldsymbol{r}\left(\sqrt{\frac{2H}{g}}\right) = \left(v_0\sqrt{\frac{2H}{g}}, 0\right)$$

である.

[2] ボートが橋の真下を通過してからボールを受け取るまでの時間は,

$$T + t_1 = T + \sqrt{\frac{2H}{g}}$$

である. よって, この間にボートが進む距離は,

$$V \times (T + t_1) = V\left(T + \sqrt{\frac{2H}{g}}\right)$$

であるので, 船の上の人にボールを受け取らせるためのボールの初速度は,

$$v_0 \sqrt{\frac{2H}{g}} = V\left(T + \sqrt{\frac{2H}{g}}\right)$$

より

$$v_0 = V\left(1 + T\sqrt{\frac{g}{2H}}\right)$$

である.

4.7

(1) 運動方程式は,

$$m\frac{d\boldsymbol{v}}{dt} = (0, -mg)$$

である. 両辺を t で積分して,

$$\boldsymbol{v}(t) = (C_1, -gt + C_2)$$

が得られる. 初期条件 $\boldsymbol{v}(0) = (v_0 \cos\theta, v_0 \sin\theta)$ を満たすように C_1 および C_2 を決めると,

$$(C_1, C_2) = (v_0 \cos\theta, v_0 \sin\theta)$$

である. よって,

$$\boldsymbol{v}(t) = (v_0 \cos\theta, -gt + v_0 \sin\theta)$$

である. また, $\boldsymbol{v} = \dfrac{d\boldsymbol{r}}{dt}$ であるので両辺を t で積分すると,

$$\boldsymbol{r}(t) = ((v_0 \cos\theta)t + C_3,$$
$$-\frac{1}{2}gt^2 + (v_0 \sin\theta)t + C_4)$$

が得られる. 初期条件 $\boldsymbol{r}(0) = (0, H)$ を満たすように C_3 および C_4 を決めると,

$$(C_3, C_4) = (0, H)$$

である. よって,

$$\boldsymbol{r}(t) = \left((v_0 \cos\theta)t, -\frac{1}{2}gt^2 + (v_0 \sin\theta)t + H\right)$$

である.

(2) 最高点に達する時刻を t_1 とすると, t_1 の速度 $\boldsymbol{v}$ の y 成分が 0 となればよい. よって,

$$-gt_1 + v_0 \sin\theta = 0$$

より

$$t_1 = \frac{v_0 \sin\theta}{g}$$

である. また, そのときの高さは,

$$H + \frac{(v_0 \sin\theta)^2}{2g}$$

である.

(3) 地面に落下した時刻を t_2 とすると, $\boldsymbol{r}(t_2)$ の y 成分が 0 となればよい. よって,

$$-\frac{1}{2}gt_2^2 + (v_0 \sin\theta)t_2 + H = 0$$

であり, $t_2 > 0$ より,

$$t_2 = \frac{v_0 \sin\theta + \sqrt{(v_0 \sin\theta)^2 + 2gH}}{g}$$

である.

4.8

鉛直下向きに y 軸をとり, 地上の位置を原点 O とする. 物体の質量を m とすると運動方程式は,

$$m\frac{dv}{dt} = -mg$$

である. 両辺を t で積分すると,

$$v(t) = -gt + C_1$$

が得られる. また, $v = \dfrac{dy}{dt}$ より, $\dfrac{dy}{dt} = -gt + C_1$ であるので, 両辺を t で積分すると,

$$y(t) = -\frac{1}{2}gt^2 + C_1 t + C_2$$

である.

<u>物体 A （位置 y_1, 速度 v_1 とする.）</u>
$v_1(0) = 0$ より, $-g \times 0 + C_1 = 0$,
$y_1(0) = H$ より, $-\frac{1}{2}g \times 0^2 + C_1 \times 0 + C_2 = H$,
であるので, $(C_1, C_2) = (0, H)$ と決められる.
よって,

$$v_1(t) = -gt$$
$$y_1(t) = -\frac{1}{2}gt^2 + H$$

である.

<u>物体 B （位置 y_2, 速度 v_2 とする.）</u>
$v_2(2) = v_0$ より, $-g \times 2 + C_1' = v_0$,
$y_2(2) = 0$ より, $-\frac{1}{2}g \times 2^2 + C_1' \times 2 + C_2' = 0$,
であるので, $(C_1', C_2') = (v_0 + 2g, -2v_0 - 2g)$ と決められる. よって,

$$v_2(t) = -gt + (v_0 + 2g)$$
$$y_2(t) = -\frac{1}{2}gt^2 + (v_0 + 2g)t - 2(v_0 + g)$$

である. $y_1(t) = y_2(t)$ より,

$$-\frac{1}{2}gt^2 + H = -\frac{1}{2}gt^2 + (v_0 + 2g)t - 2(v_0 + g)$$

であるので,

$$t = \frac{H + 2(v_0 + g)}{v_0 + 2g}$$
$$= 2 + \frac{H - 2g}{v_0 + 2g}$$

である.

4.9

鉛直下向きに y 軸をとる. 運動方程式は,

$$m\frac{dv}{dt} = mg - kv^2$$
$$\frac{1}{mg - kv^2}\frac{dv}{dt} = \frac{1}{m}$$
$$\frac{1}{v^2 - \frac{mg}{k}}\frac{dv}{dt} = -\frac{k}{m}$$

である. 両辺を t で積分すると,

$$\int \frac{1}{v^2 - \frac{mg}{k}} dv = -\frac{k}{m} \int dt$$

である. ここで, $\frac{mg}{k} = \alpha^2$ と置くと,

$$\text{左辺} = \int \frac{1}{v^2 - \alpha^2} dv$$
$$= \frac{1}{2\alpha} \int \left(\frac{1}{v - \alpha} - \frac{1}{v + \alpha} \right) dv$$
$$= \frac{1}{2\alpha} \log \left| \frac{v - \alpha}{v + \alpha} \right| + C_0$$
$$\text{右辺} = -\frac{k}{m} t + C_1$$

であるので,

$$\frac{1}{2\alpha} \log \left| \frac{v - \alpha}{v + \alpha} \right| = -\frac{k}{m} t + C_1'$$

である. $\alpha > v$ に注意して,

$$\frac{\alpha - v}{\alpha + v} = C \cdot e^{-\frac{2\alpha k}{m}t}$$

が得られる. ここで, 初期条件 $v(0) = 0$ より, $C = 1$ と決められる. よって,

$$\frac{\alpha - v}{\alpha + v} = e^{-\frac{2\alpha k}{m}t}$$

であり, v について解くと,

$$v = \alpha \cdot \frac{1 - e^{-\frac{2\alpha k}{m}t}}{1 + e^{-\frac{2\alpha k}{m}t}}$$
$$= \alpha \cdot \frac{e^{\frac{\alpha k}{m}t} - e^{-\frac{\alpha k}{m}t}}{e^{\frac{\alpha k}{m}t} + e^{-\frac{\alpha k}{m}t}}$$

である. よって $\alpha = \sqrt{\frac{mg}{k}}$ より,

$$v = \sqrt{\frac{mg}{k}} \cdot \frac{e^{\sqrt{\frac{kg}{m}}t} - e^{-\sqrt{\frac{kg}{m}}t}}{e^{\sqrt{\frac{kg}{m}}t} + e^{-\sqrt{\frac{kg}{m}}t}}$$

である. これを双曲線関数 $\tanh x = \frac{\sinh x}{\cosh x} = \frac{e^x - e^{-x}}{e^x + e^{-x}}$ を用いて表すと,

$$v = \sqrt{\frac{mg}{k}} \tanh \sqrt{\frac{kg}{m}} t$$

となる.

4.10

(1) 物体に働く力（重力）は，
$$(-mg\sin\alpha, -mg\cos\alpha)$$
であるので，運動方程式は，
$$m\frac{d\boldsymbol{v}}{dt} = (-mg\sin\alpha, -mg\cos\alpha)$$
である．両辺を t で積分して，
$$\boldsymbol{v}(t) = (-g\sin\alpha \cdot t + C_1, -g\cos\alpha \cdot t + C_2)$$
が得られる．初期条件 $\boldsymbol{v}(0) = (v_0\cos\theta, v_0\sin\theta)$ を満たすように C_1 および C_2 を決めると，
$$(C_1, C_2) = (v_0\cos\theta, v_0\sin\theta)$$
である．よって，
$$\boldsymbol{v}(t) = (-g\sin\alpha \cdot t + v_0\cos\theta,$$
$$-g\cos\alpha \cdot t + v_0\sin\theta)$$
である．また，$\boldsymbol{v} = \dfrac{d\boldsymbol{r}}{dt}$ であるので両辺を t で積分し，初期条件 $\boldsymbol{r}(0) = (0,0)$ を満たすように任意定数を決めると，
$$\boldsymbol{r}(t) = (-\frac{1}{2}g\sin\alpha \cdot t^2 + v_0\cos\theta \cdot t,$$
$$-\frac{1}{2}g\cos\alpha \cdot t^2 + v_0\sin\theta \cdot t)$$
である．

(2) 位置ベクトル $\boldsymbol{r}$ の y 成分が 0 となる時刻を求めればよい．よって，
$$-\frac{1}{2}g\cos\alpha \cdot t^2 + v_0\sin\theta \cdot t = 0$$
より，
$$t = \frac{2v_0\sin\theta}{g\cos\alpha}$$
である．

(3) $t = \dfrac{2v_0\sin\theta}{g\cos\alpha}$ のとき，$\boldsymbol{r}$ の x 成分は，
$$x = \frac{2v_0^2\sin\theta\cos(\theta+\alpha)}{g\cos^2\alpha}$$
$$= \frac{v_0^2}{g\cos^2\alpha}\{\sin(2\theta+\alpha) - \sin\alpha\}$$
である．よって，x が最大となるのは $\sin(2\theta+\alpha) = 1$ のとき，つまり，
$$2\theta_1 + \alpha = \frac{\pi}{2}$$
$$\theta_1 = \frac{\pi}{4} - \frac{\alpha}{2}$$
である．

(4) 斜面に対して垂直に落下するためには，$t = \dfrac{2v_0\sin\theta_2}{g\cos\alpha}$ のとき $v_x = 0$ となればよい．よって，
$$-g\sin\alpha \times \frac{2v_0\sin\theta_2}{g\cos\alpha} + v_0\cos\theta_2 = 0$$
より，
$$\tan\theta_2 = \frac{1}{2\tan\alpha}$$
である．

5.1

物体に働く力は図 A5.1 のようになる．斜面に沿ってゆっくりと引き上げるので，物体に働く力はつり合う．よって，物体に加えた力の大きさを F とすると，
$$F = 98 \times \sin 30° = 49\,\text{N}$$
である．また，この力がした仕事 W は，
$$W = 49 \times 5 = 245 \approx 2.5 \times 10^2\,\text{J}$$
である．

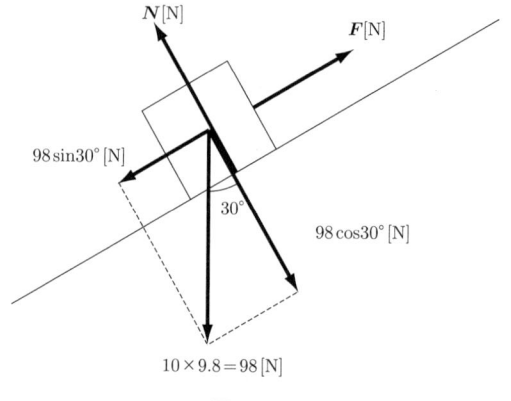

図 A5.1

5.2

(1)
$$W = \int_a^b (-kx)\,\mathrm{d}x$$
$$= \left[-\frac{1}{2}kx^2\right]_a^b$$
$$= -\frac{1}{2}k(b^2 - a^2)$$

(2)
$$W = \int_a^b \frac{A}{x^2}\,\mathrm{d}x$$
$$= \left[-\frac{A}{x}\right]_a^b$$
$$= A\left(-\frac{1}{b} + \frac{1}{a}\right)$$

5.3

(1) 動摩擦力がした仕事 W は物体の運動エネルギーの変化量に等しくなるので，
$$W = \frac{1}{2} \times 1.0 \times 0^2 - \frac{1}{2} \times 1.0 \times 4.0^2$$
$$= -8.0\,\mathrm{J}$$

である．

(2) 動摩擦力の大きさを F とすると，
$$-F \times 2.0 = -8.0$$
$$F = 4.0\,\mathrm{N}$$

である．

(3) 動摩擦力の大きさは
$$F = \mu' N$$
$$= \mu' \times 1.0 \times 9.8$$

となるので，
$$\mu' \times 1.0 \times 9.8 = 4.0$$
$$\mu' = 0.408\cdots \approx 0.41$$

である．

5.4

[1] (1) $F(x) = -\dfrac{\mathrm{d}U}{\mathrm{d}x} = -2kx$

(2) $F(x) = -\dfrac{\mathrm{d}U}{\mathrm{d}x} = -\dfrac{A}{x^2}$

[2] $\underline{0 < x < x_0\ \text{では}}$，
$-\dfrac{\mathrm{d}U}{\mathrm{d}x} > 0$ なので，物体に働く力は正となる．

$\underline{x = x_0\ \text{では}}$，
$-\dfrac{\mathrm{d}U}{\mathrm{d}x} = 0$ なので，物体に働く力は 0 である．

$\underline{x_0 < x\ \text{では}}$，
$-\dfrac{\mathrm{d}U}{\mathrm{d}x} < 0$ なので，物体に働く力は負となる．

5.5

(1) つり合いの位置でのばねの伸びを d とすると，
$$kd = mg$$
$$d = \frac{mg}{k}$$

である．

(2) ばねをつり合いの位置よりさらに a だけ伸ばした位置を A，つり合いの位置を B とする．重力によるポテンシャルエネルギーの基準を A とすると，
位置 A での，
　物体が持つ運動エネルギー
$$K_A = 0$$
　物体が持つポテンシャルエネルギー
$$U_A = \frac{1}{2}k(d+a)^2$$
位置 B での，
　物体が持つ運動エネルギー
$$K_B = \frac{1}{2}mv^2$$
　物体が持つポテンシャルエネルギー
$$U_B = \frac{1}{2}kd^2 + mga$$

よって，力学的エネルギー保存の法則より，

$$K_A + U_A = K_B + U_B$$
$$\frac{1}{2}k(d+a)^2 = \frac{1}{2}mv^2 + \frac{1}{2}kd^2 + mga$$

$d = \dfrac{mg}{k}$ より，この式は，

$$\frac{1}{2}ka^2 = \frac{1}{2}mv^2$$

となる．よって，

$$v = \sqrt{\frac{k}{m}}\, a$$

である．

5.6

(1) O →Q では，

$$\boldsymbol{F} = (0, \beta x^2)$$
$$\mathrm{d}\boldsymbol{r} = (\mathrm{d}x, 0)$$

よって，

$$W_{\mathrm{OQ}} = \int_\mathrm{O}^\mathrm{Q} \boldsymbol{F} \cdot \mathrm{d}\boldsymbol{r} = 0$$

また，Q →P では，

$$\boldsymbol{F} = (2\alpha a y, \beta a^2)$$
$$\mathrm{d}\boldsymbol{r} = (0, \mathrm{d}y)$$

よって，

$$W_{\mathrm{QP}} = \int_\mathrm{Q}^\mathrm{P} \boldsymbol{F} \cdot \mathrm{d}\boldsymbol{r}$$
$$= \int_0^b \beta a^2 \, \mathrm{d}y = \beta a^2 b$$

以上より，

$$W_1 = W_{\mathrm{OQ}} + W_{\mathrm{QP}} = \beta a^2 b$$

である．

(2) O →R では，

$$\boldsymbol{F} = (0, 0)$$
$$\mathrm{d}\boldsymbol{r} = (0, \mathrm{d}y)$$

よって，

$$W_{\mathrm{OR}} = \int_\mathrm{O}^\mathrm{R} \boldsymbol{F} \cdot \mathrm{d}\boldsymbol{r} = 0$$

また，R →P では，

$$\boldsymbol{F} = (2\alpha b x, \beta x^2)$$
$$\mathrm{d}\boldsymbol{r} = (\mathrm{d}x, 0)$$

よって，

$$W_{\mathrm{RP}} = \int_\mathrm{R}^\mathrm{P} \boldsymbol{F} \cdot \mathrm{d}\boldsymbol{r}$$
$$= \int_0^a 2\alpha b x \, \mathrm{d}x = \alpha a^2 b$$

以上より，

$$W_2 = W_{\mathrm{OR}} + W_{\mathrm{RP}} = \alpha a^2 b$$

である．

(3) O →P では，

$$W_{\mathrm{OP}} = \int_\mathrm{O}^\mathrm{P} \boldsymbol{F} \cdot \mathrm{d}\boldsymbol{r}$$
$$= \int_0^a 2\alpha x y \, \mathrm{d}x + \int_0^b \beta x^2 \, \mathrm{d}y$$

ここで，$y = \dfrac{b}{a}x$ より，

$$W_3 = W_{\mathrm{OP}}$$
$$= \int_0^a \frac{2\alpha b}{a} x^2 \, \mathrm{d}x + \int_0^b \beta \left(\frac{a}{b} y\right)^2 \mathrm{d}y$$
$$= \frac{2\alpha b}{a}\left[\frac{1}{3}x^3\right]_0^a + \frac{\beta a^2}{b^2}\left[\frac{1}{3}y^3\right]_0^b$$
$$= \frac{2}{3}\alpha a^2 b + \frac{1}{3}\beta a^2 b$$
$$= \frac{1}{3}(2\alpha + \beta)a^2 b$$

である．

5.7

(1) 糸と鉛直線のなす角が θ であるときの物体の最下点からの高さ h は，

$$h = l - l\cos\theta = l(1 - \cos\theta)$$

なので，重力によるポテンシャルエネルギー

$U(\theta)$ は，
$$U(\theta) = mgl(1 - \cos\theta)$$
である．

(2) $-\dfrac{\pi}{2} < \theta < \dfrac{\pi}{2}$ でのグラフは図 A5.3 のようになる．

(3) $\cos\theta \simeq 1 - \dfrac{1}{2}\theta^2$ より，
$$U(\theta) = mgl\left\{1 - \left(1 - \dfrac{1}{2}\theta^2\right)\right\}$$
$$= \dfrac{1}{2}mgl\theta^2$$
である．また，$x = l\theta$ より，$\theta = \dfrac{x}{l}$ であるので，
$$U = \dfrac{1}{2} \cdot \dfrac{mg}{l} \cdot x^2$$
である．

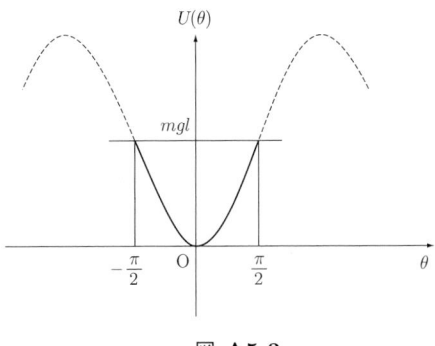

図 A5.3

5.8

$\sqrt{\dfrac{k}{m}} = \omega$ と置くと，物体の速度 v は，
$$v = \dfrac{dx}{dt} = -a\omega \sin\omega t$$
である．よって，
$$K + U = \dfrac{1}{2}mv^2 + \dfrac{1}{2}kx^2$$
$$= \dfrac{1}{2}m(-a\omega\sin\omega t)^2 + \dfrac{1}{2}k(a\cos\omega t)^2$$
$$= \dfrac{1}{2}ma^2\omega^2\sin^2\omega t + \dfrac{1}{2}ka^2\cos^2\omega t$$
$$= \dfrac{1}{2}ka^2(\sin^2\omega t + \cos^2\omega t)$$
$$= \dfrac{1}{2}ka^2$$
であるので，$K+U$ は時刻 t によらず $\dfrac{1}{2}ka^2$（一定）となる．

6.1

バットで打ち返したときのボールの速度を v として，これを正の方向とする．運動量の変化は
$$\Delta p = p_2 - p_1$$
$$= 0.15v - 0.15 \times (-30) = 0.15v + 4.5\,[\text{kg}\cdot\text{m/s}]$$
力積は
$$I = 0.15v + 4.5\,[\text{N}\cdot\text{s}]$$
である．

ボールがバットで打たれてから地面に落ちるまでの時間を t とすれば，重力加速度を g として，
$$\dfrac{1}{2}gt^2 = 1$$
が成立するので，
$$t = \sqrt{\dfrac{2}{g}}$$
となる．また t までの間にボールの飛ぶ水平距離は 10 m であり，
$$vt = 10$$
である．これより，速度 v を求めると，
$$v \approx 22\,\text{m/s}$$
したがって，力積 I は
$$I = 0.15 \times 22 + 4.5$$
$$= 7.8\,\text{N}\cdot\text{s}$$
となる．

6.2

金づちの質量を m，速度を v とすると運動量は mv で表される．水槽に金づちが当たって止まる

までの時間を Δt，その間に作用した力を F とすると，

$$mv = F\Delta t$$

となる．したがって，

$$F = \frac{mv}{\Delta t}$$

であり，Δt は極めて小さいので，F は大きくなり水槽が割れてしまう．

6.3

弾丸の飛んでくる方向を正の方向とすると，運動量変化は

$$0 - mv = -mv$$

で表され，今，1 秒間に 20 発の弾丸が発射されるため，単位時間当たりの運動量変化は

$$20(0 - mv) = -20mv = -20 \times 0.2 \times 800$$
$$= -3.2 \times 10^3 \text{ kg} \cdot \text{m/s}$$

運動量の変化は力積の大きさに等しいので，

$$I = 3.2 \times 10^3 \text{ N} \cdot \text{s}$$

であり，作用している時間は 1 秒であることから

$$F = 3.2 \times 10^3 \text{ N}$$

したがって，固定板を支えるに必要な力の大きさは 3.2×10^3 N となる．

6.4

弾丸の突き刺さった鉄板の質量は $m_1 + m_2$ であり，動き出す速度を v' とすると，運動量保存の法則により，

$$m_2 v = (m_1 + m_2) v'$$

したがって，

$$v' = \frac{m_2}{m_1 + m_2} v$$

となる．

6.5

(1)
$$\frac{v_1' - v_2'}{v_1 - v_2} = -e$$

(2)
$$v_1' = v_1 + \frac{m_2(1+e)}{m_1 + m_2} \cdot (v_2 - v_1)$$
$$v_2' = v_2 - \frac{m_1(1+e)}{m_1 + m_2} (v_2 - v_1)$$

(3) 衝突前後の運動エネルギー E および E' は

$$E = \frac{1}{2} m_1 v_1^2 + \frac{1}{2} m_2 v_2^2,$$
$$E' = \frac{1}{2} m_1 v_1'^2 + \frac{1}{2} m_2 v_2'^2$$
$$E - E' = \frac{1}{2} \frac{m_1 m_2}{m_1 + m_2} (v_1 - v_2)^2 (1 - e^2)$$

6.6

(1) 投球の運動量の大きさを p_t とすると，

$$p_t = mv_1$$

より，

$$p_t = 0.2 \times 35 = 7.0 \text{ kg} \cdot \text{m/s}$$

(2) 打球の運動量の大きさを p_b とすると

$$p_b = mv_2 = 0.2 \times 45 = 9.0 \text{ kg} \cdot \text{m/s}$$

(3) 余弦定理を用いることにより，

$$|\Delta v| = \sqrt{v_1^2 + v_2^2 - 2 v_1 v_2 \cos(180° - 60°)}$$

であり，$\cos 120° = -\sin 30°$ の関係を用いて

$$|\Delta v| = \sqrt{v_1^2 + v_2^2 + 2 v_1 v_2 \sin 30°} = 69 \text{ m/s}$$

となる．

(4) 力積の大きさは

$$I = F\Delta t = m\Delta v = 0.20 \times 69 = 14 \text{ N} \cdot \text{s}$$

となる．

6.7

この衝突運動は，運動量保存の法則を用いて以下のように表すことができる．

$$m\bm{v} = m\bm{v}_1 + m\bm{v}_2$$

x 方向，y 方向に分けてみると，以下のようになる．

x 方向：$mv = mv_1 \cos\dfrac{\pi}{3} + mv_2 \cos\dfrac{\pi}{6}$ (1)

y 方向：$0 = -mv_1 \sin\dfrac{\pi}{3} + mv_2 \sin\dfrac{\pi}{6}$ (2)

(1), (2) 式より，

$$v = \frac{1}{2}v_1 + \frac{\sqrt{3}}{2}v_2$$
$$0 = -\frac{\sqrt{3}}{2}v_1 + \frac{1}{2}v_2$$

となり，

$$v_1 = \frac{1}{2}v, \quad v_2 = \frac{\sqrt{3}}{2}v$$

を得ることができる．

7.1

力のモーメント N は角加速度を β として

$$N = mr^2\beta$$

と表すことができる．したがって，

$$\beta = \frac{N}{mr^2}$$

であり，t 秒後の角速度 ω は

$$\omega = \beta t = \frac{N}{mr^2}t$$

となる．

7.2

(1) $v = r\omega$

(2) $T = \dfrac{2\pi}{\omega}$

(3) $F = mr\omega^2$

(4) $L = r \times mv = mr^2\omega$

7.3

[1]

(1) 点 O を基準としたときの物体 A および B の位置ベクトル（$\bm{OA}, \bm{OB}$）をそれぞれ $\bm{r_{1A}}$, $\bm{r_{1B}}$ とすると，

$$\bm{r_{1A}} = (vt, 1, 0)$$
$$\bm{r_{1B}} = (-vt, -1, 0)$$

となり，それぞれの速度を $\bm{v_{1A}}, \bm{v_{1B}}$ とすると，

$$\bm{v_{1A}} = (v, 0, 0)$$
$$\bm{v_{1B}} = (-v, 0, 0)$$

となる．よって，全角運動量 $\bm{L_1}$ は，

$$\bm{L_1} = \bm{r_{1A}} \times m\bm{v_{1A}} + \bm{r_{1B}} \times m\bm{v_{1B}}$$
$$= (0, 0, -mv) + (0, 0, -mv)$$
$$= (0, 0, -2mv)$$

となり，$L_1 = 2mv$ となる．

(2) 点 P を基準としたときの物体 A および B の位置ベクトル（$\bm{PA}, \bm{PB}$）をそれぞれ $\bm{r_{2A}}$, $\bm{r_{2B}}$ とすると，

$$\bm{r_{2A}} = \bm{PO} + \bm{r_{1A}} = (vt, -1, 0)$$
$$\bm{r_{2B}} = \bm{PO} + \bm{r_{1B}} = (-vt, -3, 0)$$

となり，それぞれの速度を $\bm{v_{2A}}, \bm{v_{2B}}$ とすると，

$$\bm{v_{2A}} = (v, 0, 0)$$
$$\bm{v_{2B}} = (-v, 0, 0)$$

となる．よって，全角運動量 $\bm{L_2}$ は，

$$\bm{L_1} = \bm{r_{2A}} \times m\bm{v_{2A}} + \bm{r_{2B}} \times m\bm{v_{2B}}$$
$$= (0, 0, mv) + (0, 0, -3mv)$$
$$= (0, 0, -2mv)$$

となり，$L_2 = 2mv$ となる．

[2]

(1) [1] と同様にして，
$$\begin{aligned}\boldsymbol{L_3} &= (vt,1,0) \times (mv,0,0) \\ &\quad + (vt,-1,0) \times (mv,0,0) \\ &= (0,0,-mv) + (0,0,mv) \\ &= (0,0,0)\end{aligned}$$

となり，$L_3 = 0$ となる．

(2) 同様にして，
$$\begin{aligned}\boldsymbol{L_4} &= (vt,-1,0) \times (mv,0,0) \\ &\quad + (vt,-3,0) \times (mv,0,0) \\ &= (0,0,mv) + (0,0,3mv) \\ &= (0,0,4mv)\end{aligned}$$

となり，$L_4 = 4mv$ となる．

7.4

(1) $\boldsymbol{N} = \boldsymbol{r} \times \boldsymbol{F} = (0,0,-rmg)$
したがって，
$$N = rmg$$
となる．

(2) (1) より，
$$\frac{d\boldsymbol{L}}{dt} = (0,0,-rmg)$$
$$\boldsymbol{L} = (0,0,-rmgt)$$

となるので，角運動量の大きさは，
$$L = rmgt$$
となる．

7.5

角運動量保存の法則により，
$$m_1 r^2 \omega_1 + m_2 r^2 \omega_2 = m_1 r^2 \omega_1' + m_2 r^2 \omega_2'$$

したがって，
$$\omega_2' = \frac{m_1 r^2 (\omega_1 - \omega_1') + m_2 r^2 \omega_2}{m_2 r^2}$$

となる．

7.6

(1) $s = l\theta$

(2) 物体 P の速さ v は，
$$v = \frac{ds}{dt} = l\frac{d\theta}{dt}$$

となるので，角運動量の大きさ L は，
$$L = l \times mv = ml^2 \frac{d\theta}{dt}$$

となる．

(3) 図 A7.1 のように，重力 mg の円の接線方向の成分の大きさは $mg\sin\theta$ となる．よって，力のモーメント N は反時計回りを正として，
$$N = -l \times mg\sin\theta = -mgl\sin\theta$$

となる．

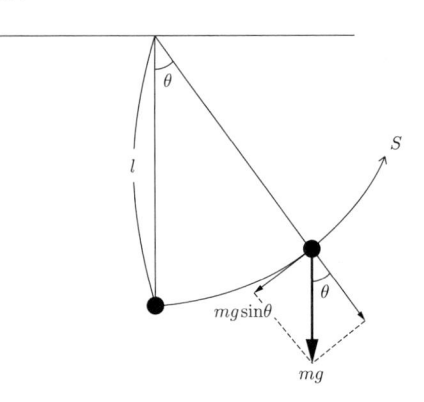

図 A7.1

(4) 回転の運動方程式 $\frac{dL}{dt} = N$ より，
$$ml^2 \frac{d^2\theta}{dt^2} = -mg\sin\theta$$
$$\frac{d^2\theta}{dt^2} = -\frac{g}{l}\sin\theta$$

となる．θ が十分に小さいとき，$\sin\theta \simeq \theta$ と近似できることにより，

$$\frac{d^2\theta}{dt^2} = -\frac{g}{l}\theta$$

となり，$\theta = \dfrac{s}{l}$ を代入して，

$$\frac{d^2 s}{dt^2} = -\frac{g}{l}s$$

となる．

7.7

角運動量は

$$\boldsymbol{r}_1 \times \frac{d\boldsymbol{p}_1}{dt} + \boldsymbol{r}_2 \times \frac{d\boldsymbol{p}_2}{dt}$$
$$= \boldsymbol{r}_1 \times (\boldsymbol{F}_{12} + \boldsymbol{F}_1) + \boldsymbol{r}_2 \times (\boldsymbol{F}_{21} + \boldsymbol{F}_2)$$

であり，$\boldsymbol{F}_{12} + \boldsymbol{F}_{21} = 0$ の関係から，

$$\boldsymbol{r}_1 \times \frac{d\boldsymbol{p}_1}{dt} + \boldsymbol{r}_2 \times \frac{d\boldsymbol{p}_2}{dt}$$
$$= \boldsymbol{r}_1 \times \boldsymbol{F}_1 + \boldsymbol{r}_2 \times \boldsymbol{F}_2 + (\boldsymbol{r}_1 - \boldsymbol{r}_2) \times \boldsymbol{F}_{12}$$

となる．また，$\boldsymbol{F}_{12}$ と $(\boldsymbol{r}_1 - \boldsymbol{r}_2)$ は平行であることにより，

$$\boldsymbol{r}_1 \times \frac{d\boldsymbol{p}_1}{dt} + \boldsymbol{r}_2 \times \frac{d\boldsymbol{p}_2}{dt} = \boldsymbol{r}_1 \times \boldsymbol{F}_1 + \boldsymbol{r}_2 \times \boldsymbol{F}_2$$

が得られる．

左辺は

$$\frac{d}{dt}(\boldsymbol{r}_1 \times \boldsymbol{p}_1 + \boldsymbol{r}_2 \times \boldsymbol{p}_2) = \frac{d}{dt}(\boldsymbol{L}_1 + \boldsymbol{L}_2)$$

と変形できるので，

$$\frac{d\boldsymbol{L}}{dt} = \boldsymbol{r}_1 \times \boldsymbol{F}_1 + \boldsymbol{r}_2 \times \boldsymbol{F}_2$$

が成立する．

7.8

完全非弾性衝突であり，衝突後，質量 m_1, m_2 の2つの質点は同じ角速度になる．この角速度を ω' とすると，角運動量保存の法則により，

$$m_2 r^2 \omega = (m_1 + m_2) r^2 \omega'$$
$$\omega' = \frac{m_2}{m_1 + m_2}\omega$$

となる．t 秒後の角度は

$$\theta = \omega' t = \frac{m_2}{m_1 + m_2}\omega t$$

である．

8.1

(1) ＜解法1＞ 作用点と作用線を用いて，O点のまわりの力のモーメントの和が0になることにより求める．図 A8.1(a) のように，力 $\boldsymbol{F}_2$ を腕 ℓ_2 に平行な成分 F_p と垂直な成分 F_t に分解し，トルクのつり合いの式から $\boldsymbol{F}_2$ を求める方法である．力の大きさで考えると，

$$\ell_1 F_1 = \ell_2 F_t, \quad F_2 \cos\varphi = F_t$$
$$\therefore F_2 = \frac{\ell_1}{\ell_2 \cos\varphi} F_1$$

と求まる．

＜解法2＞ 図 A8.1(b) のように，支点Oから力 $\boldsymbol{F}_2$ の作用線に垂直な腕 ℓ_t をとり，力のモーメントのつり合いの式から $\boldsymbol{F}_2$ を求める方法である．力の大きさで考えて，

$$\ell_1 F_1 = \ell_t F_2, \quad \ell_2 \cos\varphi = \ell_t$$
$$\therefore F_2 = \frac{\ell_1}{\ell_2 \cos\varphi} F_1$$

と求まる．

(2) 図 A8.1(c) のように，力のモーメントのつり合いの式から $\boldsymbol{F}_2$ を求める．荷重 W を力 $\boldsymbol{F}_1$ と考える．力の大きさで考えて，次のつり合いの式が成り立つ．

$$\ell_1 F_1 = \ell_t F_2, \quad F_1 = W, \quad \ell_t = \ell_2 \cos\varphi$$
$$\therefore F_2 = \frac{\ell_1}{\ell_2 \cos\varphi} F_1 = \frac{\ell_1}{\ell_2 \cos\varphi} W$$

ここで与えられた数値，$W = 500$[N]，$\ell_1 = 0.2$[m]，$\ell_2 = 3.0$[m]，$\varphi = 30$[度] を代入すると，$F_2 \approx 38.5$[N] 以上の力があれば，箱を持ち上げることができる．

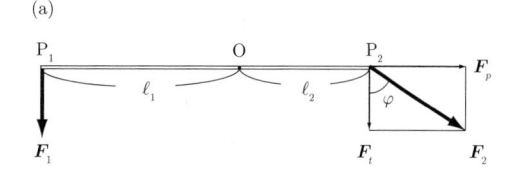

(a)

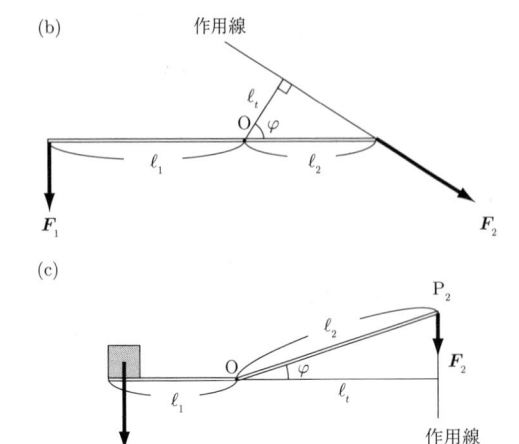

図 A8.1

8.2

「回転を行わない」条件，即ち，回転軸周りの力のモーメントのつり合いを考える．力の向きが自明なので，力の大きさで力のつり合いを考えて式を立てても良いが，以下ではベクトル量で考える．

端 A から重心の位置までの長さを ℓ，端 A を持ち上げた場合の B の周りの力のモーメントを τ_A，端 B を持ち上げた場合の A の周りの力のモーメントを τ_B とする．力の釣り合う条件は，棒の重心 G に働く重力を W として次のようになる．

$$\begin{aligned}\tau_A &= L \times F_1 + (L-\ell) \times W \\ &= L(-i) \times F_1 j + (L-\ell)(-i) \times W(-j) \\ &= -LF_1 k + (L-\ell)Wk \\ &= 0\end{aligned}$$

$$\therefore \quad (L-\ell)Mg = LF_1$$

$$\begin{aligned}\tau_B &= L \times F_2 + \ell \times W \\ &= Li \times F_2 j + \ell i \times W(-j) \\ &= LF_2 k - \ell W k \\ &= 0\end{aligned}$$

$$\therefore \quad \ell Mg = LF_2$$

これらの式より Mg を消去し，ℓ について解くと，

$$\ell = \frac{F_2}{F_1 + F_2} L$$

と求まる．これより重さ W は，

$$W = F_1 + F_2$$

と求まる．

8.3

図に於いて，梁に働く力を考える．
(i) 壁からの抗力：$\boldsymbol{R} = R\boldsymbol{i}$
(ii) 壁に沿って働く力：$\boldsymbol{f} = f\boldsymbol{j}$
(iii) 梁の端 B に働く重力：$\boldsymbol{W} = W(-\boldsymbol{j})$
(iv) ひもの張力：$\boldsymbol{T}$

これらの釣り合いの条件は，梁に働く外力の和 $\boldsymbol{F}$ と点 A の周りの力のモーメントの和 $\boldsymbol{\tau}$ に対し，

$$\boldsymbol{F} = 0, \quad \boldsymbol{\tau} = 0$$

が同時に成り立つことである．よって，

$$\begin{aligned}\boldsymbol{F} &= \boldsymbol{R} + \boldsymbol{f} + \boldsymbol{W} + \boldsymbol{T} \\ &= R\boldsymbol{i} + f\boldsymbol{j} + W(-\boldsymbol{j}) \\ &\quad + (T\cos\varphi\,(-\boldsymbol{i}) + T\sin\varphi\,\boldsymbol{j}) \\ &= (R - T\cos\varphi)\boldsymbol{i} + (f - W + T\sin\varphi)\boldsymbol{j} \\ &= 0\end{aligned}$$

$$\begin{aligned}\boldsymbol{\tau} &= 0 \times \boldsymbol{R} + 0 \times \boldsymbol{f} + (\boldsymbol{AB}) \times \boldsymbol{W} + (\boldsymbol{AB}) \times \boldsymbol{T} \\ &= \ell\boldsymbol{i} \times W(-\boldsymbol{j}) + \ell\boldsymbol{i} \times (T\sin\varphi\,\boldsymbol{j} + T\cos\varphi(-\boldsymbol{i})) \\ &= -\ell W\boldsymbol{k} + \ell T \sin\varphi\,\boldsymbol{k} \\ &= 0\end{aligned}$$

これらより，

$$R - T\cos\varphi = 0$$
$$f - W + T\sin\varphi = 0$$
$$W - T\sin\varphi = 0$$
$$\therefore \quad T = \frac{W}{\sin\varphi}, \quad R = W\cot\varphi, \quad f = 0$$

と求まる．

8.4

針金の線密度を σ とすると，角度 φ と $\varphi + \mathrm{d}\varphi$ の微小な部分の質量は $\mathrm{d}m = R\sigma\,\mathrm{d}\varphi$ となり，

$$\boldsymbol{r}_G = \frac{\int_{\mathcal{R}} \boldsymbol{R} \, \mathrm{d}m}{\int_{\mathcal{R}} \mathrm{d}m}$$

$$\therefore \quad x_G = \frac{\int_{\varphi=0}^{\eta} R\cos\varphi \cdot R\sigma \mathrm{d}\varphi}{\int_{\varphi=0}^{\eta} R\sigma \mathrm{d}\varphi} = \frac{R\sin\eta}{\eta}$$

$$y_G = \frac{\int_{\varphi=0}^{\eta} R\sin\varphi \cdot R\sigma \mathrm{d}\varphi}{\int_{\varphi=0}^{\eta} R\sigma \mathrm{d}\varphi} = \frac{R(1-\cos\eta)}{\eta}$$

と求まる．
$\eta = \frac{\pi}{2}$ の場合は $(x_G, y_G) = (\frac{2R}{\pi}, \frac{2R}{\pi})$, $\eta = \pi$ の場合は $(x_G, y_G) = (0, \frac{2R}{\pi})$, $\eta = 2\pi$ の場合は $(x_G, y_G) = (0, 0)$ である．

8.5

図に於いて，フライホイールの密度を σ とすると，中心 O から R の位置で角度 φ と $\varphi + \mathrm{d}\varphi$ の微小な部分の質量を $\mathrm{d}m = R\sigma\mathrm{d}\varphi$ とすると，$\mathrm{d}I = R^2 \mathrm{d}m$ であるから，

$$M = \int_{\mathcal{R}} \mathrm{d}m = \int_0^{2\pi} R\sigma \mathrm{d}\varphi = 2\pi R\sigma$$

$$\therefore \quad I = \int_{\mathcal{R}} \mathrm{d}I = \int_{\varphi=0}^{2\pi} R^2 \mathrm{d}m = \int_0^{2\pi} R^3 \sigma \mathrm{d}\varphi$$
$$= R^3 \sigma 2\pi = MR^2$$

8.6

図 A8.2(a) のように座標系をとり，面密度を $\sigma = \frac{M}{ab}$ とし，I_z を求める．x 軸からの距離 x と $x+\mathrm{d}x$ および y 軸からの距離 y と $y+\mathrm{d}y$ で囲まれた部分の質量は $\mathrm{d}m = \sigma \mathrm{d}x \mathrm{d}y$ であるから，この部分の慣性モーメントは $\mathrm{d}I_z = r^2 \mathrm{d}m = r^2 \sigma \mathrm{d}x\mathrm{d}y$ となる．また，$r^2 = x^2 + y^2$ であるから，

$$\begin{aligned}
I_z &= \int_{\mathcal{R}} \mathrm{d}I_z = \int_{\mathcal{R}} r^2 \, \mathrm{d}m \\
&= \int_{x=-a/2}^{a/2} \int_{y=-b/2}^{b/2} (x^2+y^2)\sigma \, \mathrm{d}x\mathrm{d}y \\
&= \frac{\sigma}{12}(a^3 b + ab^3) = \frac{1}{12}(a^2+b^2)M
\end{aligned}$$

と求まる．二重積分はまず y について積分を行い，その後で x について積分を行う．

次に I_x を求める．図 A8.2(b) のように x 軸から距離 y の位置にある幅 $\mathrm{d}y$ の帯状部分の質量は $\mathrm{d}m = \sigma a \, \mathrm{d}y$ であるから，この部分の慣性モーメントは $\mathrm{d}I_x = y^2 \mathrm{d}m = y^2 \sigma a \, \mathrm{d}y$ となる．従って，

$$\begin{aligned}
I_x &= \int_{\mathcal{R}} \mathrm{d}I_x = \int_{\mathcal{R}} y^2 \, \mathrm{d}m = \int_{y=-b/2}^{b/2} y^2 \sigma a \, \mathrm{d}y \\
&= \frac{\sigma}{12} ab^3 = \frac{1}{12} b^2 M
\end{aligned}$$

と求まる．

次に I_y を求める．図 A8.2(c) のように y 軸から距離 x の位置にある幅 $\mathrm{d}x$ の帯状部分の質量は $\mathrm{d}m = \sigma b \, \mathrm{d}x$ であるから，この部分の慣性モーメントは $\mathrm{d}I_y = x^2 \mathrm{d}m = x^2 \sigma b \, \mathrm{d}x$ となる．従って，

$$\begin{aligned}
I_y &= \int_{\mathcal{R}} \mathrm{d}I_y = \int_{\mathcal{R}} x^2 \, \mathrm{d}m = \int_{x=-a/2}^{a/2} x^2 \sigma b \, \mathrm{d}x \\
&= \frac{\sigma}{12} a^3 b = \frac{1}{12} a^2 M
\end{aligned}$$

と求まる．

ここで，直交軸の定理 $I_z = I_x + I_y$ が成り立つ．さらに，z 軸周りの慣性モーメント I_z は z 軸方向の厚さには依らないことも理解できる．

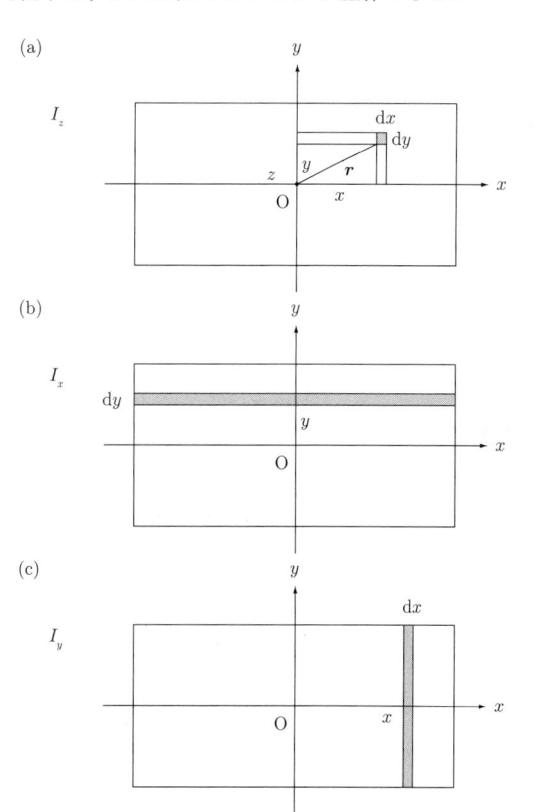

図 **A8.2**

8.7

図 A8.3 のように，中心 O から半径 r と $r+dr$ の幅 dr で高さが h の部分の質量 dm を考えると，密度を σ とすると，$dm = (2\pi r\, dr)(h)\sigma = 2\pi\sigma rh\, dr$ となる．この部分の慣性モーメントは $dI = r^2\, dm = 2\pi\sigma r^3 h\, dr$ となり，円柱の質量は

$$M = \int_{\mathcal{R}} dm = \int_0^R 2\pi\sigma rh\, dr = \sigma\pi h R^2$$

である．従って，円柱の慣性モーメントは

$$I = \int_{\mathcal{R}} dI = \int_{r=0}^R r^2\, dm = \frac{1}{2}\pi\sigma h R^4$$
$$= \int_0^R 2\pi\sigma r^3 h\, dr = \frac{1}{2}MR^2$$

と求まる．

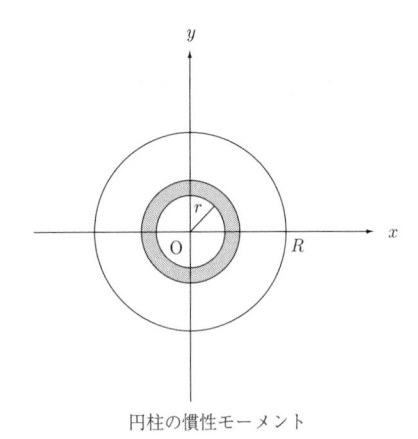

円柱の慣性モーメント
図 A8.3

8.8

実体振り子の振動する角度が小さい場合 ($\theta \ll 1$)，$\sin\theta \approx \theta$ と近似できる．従って，以下のように周期が求められる．

$$\frac{d^2\theta}{dt^2} + \frac{Mga}{I}\sin\theta = \frac{d^2\theta}{dt^2} + \omega^2\theta = 0$$

$$\therefore P = \frac{2\pi}{\omega} = 2\pi\sqrt{\frac{I}{Mga}}$$

8.9

x 軸に関して対称であるので，重心は x 軸上にある．中心 O から半径 r と $r+dr$，x 軸から角度 φ と $\varphi+d\varphi$ で囲まれた部分の質量 dm は面密度を σ として，$dm = \sigma r\, dr d\varphi$ である．扇形の全質量は

$$M = \int_{r=0}^R \int_{\varphi=-\eta}^{\eta} \sigma r\, d\varphi dr = \sigma R^2 \eta$$

となるので，重心の位置は，

$$y_G = 0$$
$$x_G = \frac{\int_{\mathcal{R}} dm r\cos\varphi}{\int_{\mathcal{R}} dm} = \frac{\int_0^R \sigma r^2\, dr \int_{-\eta}^{\eta}\cos\varphi\, d\varphi}{M}$$
$$= \frac{\frac{2}{3}\sigma R^3 \sin\eta}{M} = \frac{2R\sin\eta}{3\eta}$$

にある．

8.10

図に於いて，OP の直線の方程式は $y = \frac{R}{h}x$ と表せる．重心の位置を (x_G, y_G) とすると，対称性より $y_G = 0$ である．そして，原点 O から x の位置で半径 y，厚さ dx を持つ部分の体積は $dV = \pi y^2 dx = \pi(\frac{R}{h}x)^2 dx$ であるから，密度を σ として $dm = \sigma\, dV = \sigma\pi\frac{R^2}{h^2}x^2\, dx$ となる．よって，

$$x_G = \frac{\int_{\mathcal{R}} x\, dm}{\int_{\mathcal{R}} dm} = \frac{\int_0^h \sigma\pi\frac{R^2}{h^2}x^3\, dx}{\int_0^h \sigma\pi\frac{R^2}{h^2}x^2\, dx} = \frac{3}{4}h$$

と求まる．すなわち，$G = (\frac{3}{4}h,\, 0)$ である．因みに，例題にあるにんじんの重心を通る鉛直な平面を境にする左右の部分の重さを次のように考える．$x = 0 \sim x_G$ までの左側部分の質量 $M_{0,G}$ は

$$M_{0,G} = \frac{1}{3}\sigma\pi\left(\frac{3R}{4h}\right)^2\left(\frac{3}{4}h\right)$$
$$= \frac{1}{3}\left(\frac{3}{4}\right)^3 \sigma\pi R^2 h$$

となるので，この部分の直円錐全体の質量 M との比は，

$$\frac{M_{0,G}}{M} = \frac{\frac{1}{3}\left(\frac{3}{4}\right)^3 \sigma\pi R^2 h}{\frac{1}{3}\sigma\pi R^2 h}$$
$$= \left(\frac{3}{4}\right)^3 < \frac{1}{2}$$

である.

8.11

図 A8.4 に於いて，中心 O を通り鉛直に軸 AB をとり，O から z の位置の軸上の点 P から半径 r，厚さ dz の円盤を考える．この部分の質量は密度を σ とすると $dm = \pi r^2 \sigma\, dz$ となる．回転軸 AOB の周りの慣性モーメント dI は，$M = \frac{4}{3}\pi R^3 \sigma$ であるから

$$dI = \frac{1}{2}dm\, r^2 = \frac{1}{2}\pi\sigma r^4\, dz$$

となる．また，$r^2 = R^2 - z^2$ であるから，慣性モーメント I は

$$I = \int_{\mathcal{R}} dI = \int_{-R}^{R} \frac{1}{2}\pi\sigma(R^2 - z^2)^2 dz$$
$$= \frac{8}{15}\pi\sigma R^5 = \frac{2}{5}MR^2$$

と求まる．

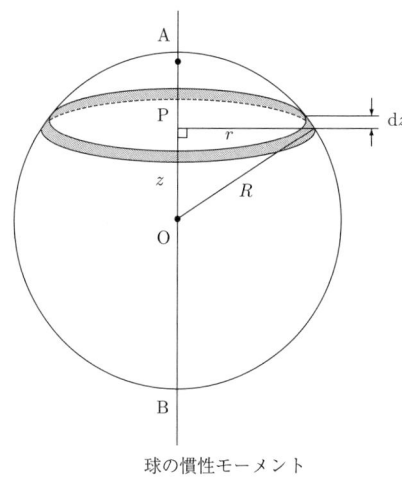

図 **A8.4** 球の慣性モーメント

8.12

図 A8.5 に於いて，実体振り子に働く力を考える．

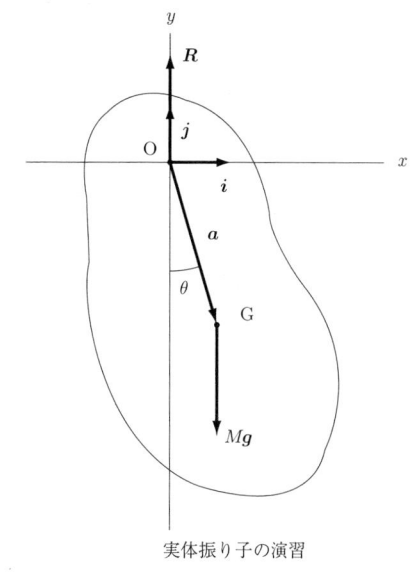

図 **A8.5** 実体振り子の演習

(i) 回転軸に於ける抗力：$\boldsymbol{R} = R\boldsymbol{j}$
(ii) 重心に働く重力：$\boldsymbol{W} = W(-\boldsymbol{j})$

軸 z に垂直な振動面内に x と y をとる．点 O から重心 G への位置ベクトルを $\boldsymbol{a}$（大きさ $a = |\boldsymbol{a}|$）とする．重力による力 $M\boldsymbol{g} = Mg(-\boldsymbol{j})$ が G に鉛直下方の向きにかかる．その力による z 軸の周りの力のモーメント $\boldsymbol{\tau}$，角速度 $\boldsymbol{\omega}$ は次のように表される．

$$\boldsymbol{\tau} = \boldsymbol{0} \times \boldsymbol{R} + \boldsymbol{a} \times M\boldsymbol{g} = a\boldsymbol{i} \times Mg\,(-\boldsymbol{j})$$
$$= -aMg\sin\theta\, \boldsymbol{k}$$

実体振り子に関する運動方程式は，回転角 θ を用いると

$$\boldsymbol{L} = I\boldsymbol{\omega} = I\frac{d\boldsymbol{\theta}}{dt}, \quad \boldsymbol{\tau} = \frac{d\boldsymbol{L}}{dt}$$

より，

$$I\frac{d^2\theta}{dt^2} = -aMg\sin\theta$$
$$i.e.\ \frac{d^2\theta}{dt^2} + \frac{Mga}{I}\sin\theta = 0$$

8.13

角運動量 $\boldsymbol{L}$ が保存されるということは，回転軸（地軸）の周りの力のモーメント $\boldsymbol{\tau} = \dfrac{d\boldsymbol{L}}{dt} = \boldsymbol{0}$ であることを学習した．すなわち，半径が R と

$R-\Delta d$ のときの角運動量 $\boldsymbol{L}$,慣性モーメント I,角速度 $\boldsymbol{\omega}$,自転周期 P をプライム「$'$」無しの記号と付けた記号で区別すると,角運動量保存は

$$\boldsymbol{L} = I\boldsymbol{\omega}$$
$$= I\boldsymbol{\omega}' = \boldsymbol{L}' = 一定$$

と表せる.地軸周りの慣性モーメントと角速度は

$$I = \frac{2}{5}MR^2,\ \omega = \frac{2\pi}{P}$$
$$I' = \frac{2}{5}M(R(1-\Delta d))^2,\ \omega' = \frac{2\pi}{P'}$$

となるので,これらの式より自転周期は

$$\frac{P'}{P} = \frac{(R-\Delta d)^2}{R^2} = \left(1-\frac{\Delta d}{R}\right)^2$$

だけ変化する.半径が短くなると $P' < P$ となる.$R = 6400$ km とし,$\Delta d = 10$ km のときには,$P' \approx 23^h 55^m 30^s$ で一日の長さが約 4 分半短くなる計算である[6].

---

[6] 地球は球形ではなく赤道半径 6378.1 km,地軸方向の極半径 6356.8 km の回転楕円形をしており,この形を地球楕円体という.疑似楕円体というときもある.因みに,マリアナ海溝は約 11000 m の深さがあり,最高峰のエベレスト山は 8848 m の高さがある.

付録 A 三角関数

A.1 鋭角の三角関数

図1のように，直角三角形で1つの鋭角が与えられたとき，

$$\sin\theta = \frac{BC}{AB} \quad \cos\theta = \frac{AC}{AB} \quad \tan\theta = \frac{BC}{AC}$$

とおき，順に角 θ の正弦，余弦，正接という．また，これらを順にサイン，コサイン，タンジェントと読む．

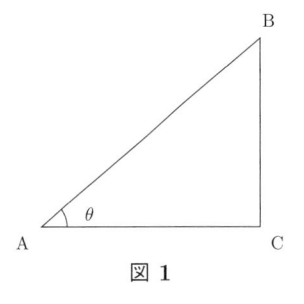

図 1

A.2 一般角の三角関数

図2において，x 軸の正の部分を始線とし，角 θ の動径 OP に対し，次のように定義する．

$$\sin\theta = \frac{y}{r} \quad \cos\theta = \frac{x}{r} \quad \tan\theta = \frac{y}{x} \quad (x \neq 0)$$

原点 O を中心とする半径1の円を単位円といい，単位円周上の点 P の座標は

$$P(\cos\theta, \; \sin\theta)$$

となる．

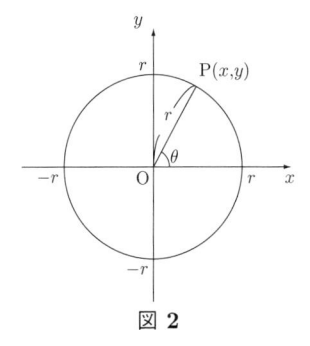

図 2

A.3 三角関数の相互関係

$$\sin^2\theta + \cos^2\theta = 1 \quad \tan\theta = \frac{\sin\theta}{\cos\theta}$$

$$1 + \tan^2\theta = \frac{1}{\cos^2\theta}$$

A.4 $\theta \pm \frac{\pi}{2}$ の三角関数

$$\sin\left(\theta \pm \frac{\pi}{2}\right) = \pm\cos\theta \quad \cos\left(\theta \pm \frac{\pi}{2}\right) = \mp\sin\theta$$

$$\tan\left(\theta \pm \frac{\pi}{2}\right) = -\tan\theta$$

A.5 　$-\theta$ の三角関数

$$\sin(-\theta) = -\sin\theta \quad \cos(-\theta) = \cos\theta$$
$$\tan(-\theta) = -\tan\theta$$

A.6 　三角関数の公式

1. 加法定理

$$\sin(\alpha \pm \beta) = \sin\alpha\cos\beta \pm \cos\alpha\sin\beta$$
$$\cos(\alpha \pm \beta) = \cos\alpha\cos\beta \mp \sin\alpha\sin\beta$$
$$\tan(\alpha \pm \beta) = \frac{\tan\alpha \pm \tan\beta}{1 \mp \tan\alpha\tan\beta}$$

2. 2倍角の公式

$$\sin 2\alpha = 2\sin\alpha\cos\alpha$$
$$\cos 2\alpha = \cos^2\alpha - \sin^2\alpha$$
$$\tan 2\alpha = \frac{2\tan\alpha}{1 - \tan^2\alpha}$$

3. 半角の公式

$$\sin^2\frac{\alpha}{2} = \frac{1-\cos\alpha}{2} \quad \cos^2\frac{\alpha}{2} = \frac{1+\cos\alpha}{2}$$

4. 和→積の公式

$$\sin\alpha + \sin\beta = 2\sin\frac{\alpha+\beta}{2}\cos\frac{\alpha-\beta}{2}$$
$$\sin\alpha - \sin\beta = 2\cos\frac{\alpha+\beta}{2}\sin\frac{\alpha-\beta}{2}$$
$$\cos\alpha + \cos\beta = 2\cos\frac{\alpha+\beta}{2}\cos\frac{\alpha-\beta}{2}$$
$$\cos\alpha - \cos\beta = -2\sin\frac{\alpha+\beta}{2}\sin\frac{\alpha-\beta}{2}$$

5. 三角関数の合成

$$a\sin x + b\cos x = r\sin(x + \alpha)$$
$$\left(r = \sqrt{a^2+b^2},\ \sin\alpha = \frac{b}{\sqrt{a^2+b^2}},\ \cos\alpha = \frac{a}{\sqrt{a^2+b^2}}\right)$$

A.7 　三角関数のグラフ

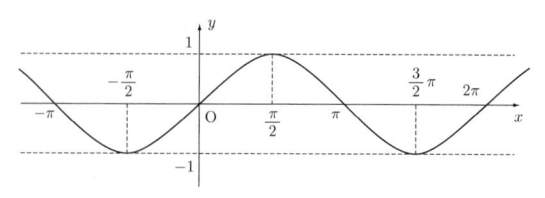

1. $y = \sin x$ のグラフ

2.　$y = \cos x$ のグラフ

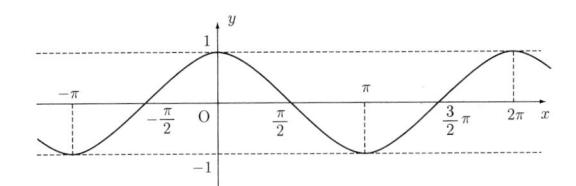

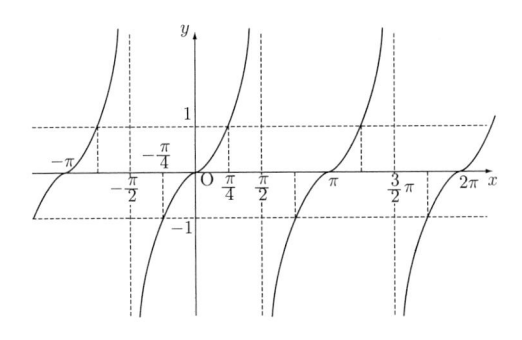

3.　$y = \tan x$ のグラフ

付録B 指数関数

B.1 指数の拡張

1つの数 a について，

$$a^n = \underbrace{a \times a \times a \times \cdots \times a}_{n}$$

の n を a^n の指数といい，a を底という．また，$a, a^2, a^3, \ldots$ をまとめて，a の累乗という．

$$0 \text{ の指数} \quad a^0 = 1$$
$$\text{負の指数} \quad a^{-n} = \frac{1}{a^n}$$

B.2 累乗根

整数 $n(n \geq 2)$ について，n 乗して a になる数を a の n 乗根といい，a の 2 乗根（平方根），3 乗根（立方根），4 乗根，... をまとめて a の累乗根という．また，a の n 乗根のうち，正の実数であるものを

$$\sqrt[n]{a}$$

で表す．

B.3 分数の指数

$$a^{\frac{m}{n}} = \sqrt[n]{a^m} = \left(\sqrt[n]{a}\right)^m$$
特に，$a^{\frac{1}{n}} = \sqrt[n]{a}$

B.4 指数法則

1. $a^p \times a^q = a^{p+q}$
2. $a^p \div a^q = a^{p-q}$
3. $(a^p)^q = a^{pq}$
4. $(ab)^p = a^p b^p$

B.5 指数関数とそのグラフ

$a > 0, a \neq 1$ について，$y = a^x$ を a を底とする指数関数という．グラフは図のようになる．

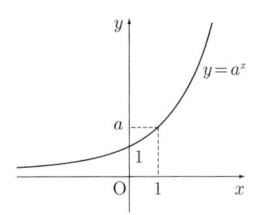

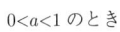

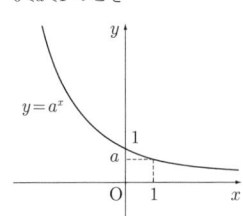

付録C 対数関数

C.1 対数の定義

$a > 0, a \neq 1, p > 0$ に対して，$p = a^q$ となる q の値がただ1つ決まる．この q を a を底とする p の対数といい，

$$q = \log_a p$$

と表す．また，p を対数の真数という．

C.2 対数の性質

$a > 0, a \neq 1, M > 0, N > 0$ とする

1. $\log_a 1 = 0, \log_a a = 1$
2. $\log_a MN = \log_a M + \log_a N$
3. $\log_a \dfrac{M}{N} = \log_a M - \log_a N$
4. $\log_a M^r = r \log_a M$

C.3 底の変換

$a > 0, a \neq 1, b > 0, b \neq 1, M > 0$ とする．

$$\log_a M = \frac{\log_b M}{\log_b a}$$

C.4 対数関数とそのグラフ

$a > 0, a \neq 1$ について，$y = \log_a x$ を a を底とする対数関数という．グラフは図のようになる．

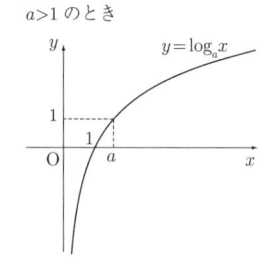

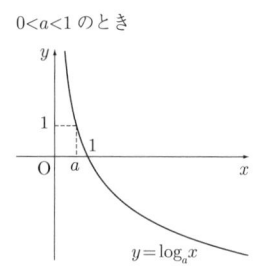

索引

あ
1次元運動, 18
位置ベクトル, 23
運動エネルギー, 82
運動の法則, 41
運動方程式, 41
運動量, 97
運動量保存の法則, 99
遠隔力, 33
円柱の慣性モーメント, 132
鉛直投げ上げ, 58
鉛直投げ下ろし, 58
円板の慣性モーメント, 127
重さ, 35

か
外積, 11
回転, 120
回転運動, 113
回転軸の周りの力のモーメント, 119
回転する卵, 133
外力, 100
角運動量保存の法則, 111
角加速度, 108
角振動数, 62
角速度, 108
過減衰, 73
加速度, 21
Cassiniの卵形曲線, 133
関数, 1
慣性, 40
慣性系, 46
慣性の法則, 40
慣性モーメント, 111
慣性力, 46
完全弾性衝突, 104
完全非弾性衝突, 104
基本単位, 47
逆ベクトル, 8
強制振動, 73
空気抵抗を受ける落下運動, 59
クーロン力, 36
組立単位, 47
撃力, 98
原始関数, 3
減衰振動, 72
向心加速度, 108
向心力, 108
合成関数の微分, 2

剛体, 118
剛体のつり合い, 119
抗力, 37
合力, 34
国際単位系, 47

さ
最大摩擦力, 38
作用線, 119
作用点, 119
作用・反作用の法則, 42
Jellet定数, 133
四角形板の慣性モーメント, 132
磁気力, 36
次元, 48
次元解析, 48
仕事, 78
仕事率, 80
実体振り子, 128
相当単振り子の長さ, 129
質点, 42
質点系, 99
質点系に対する運動量保存の法則, 102
質点の力学, 42
質量, 41
質量中心, 36, 99
質量中心の速度, 101
射影, 11
斜方投射, 66
周期, 62
重心, 36
自由落下運動, 56
重力加速度, 35
重力によるポテンシャルエネルギー, 86
瞬間の加速度, 21
瞬間の速度, 20
初期位相, 62
初期条件, 57
初速度, 21
振動数, 62
垂直抗力, 37
水平投射, 64
スカラー, 7
スカラー積, 10
静止摩擦係数, 38
静止摩擦力, 38
積分, 3
接触力, 33
ゼロベクトル, 8

線密度, 122
相互作用, 42
相対速度, 19
相当単振り子の長さ, 129
速度, 19, 20
速度の合成, 19
速度の分解, 25

た
単位系, 47
単位ベクトル, 9
単振動, 62
単振動の振幅, 62
単振り子, 76
力, 33
力の合成, 34
力の作用線, 33
力の作用点, 33
力のつり合い, 34
力の分解, 34
力のモーメント, 108
地球楕円体, 132
中心力, 68, 108
張力, 37
抵抗力, 38
定積分, 3
導関数, 1
等速運動, 20
等速直線運動, 21
動摩擦係数, 38
動摩擦力, 38
トルク, 119

な
内積, 10
内力, 100
2階同次線形微分方程式, 62
2階の導関数, 2
2次元運動, 23
ニュートン, 33
ニュートンの運動方程式, 41
任意定数, 57
粘性, 38

は
ばね定数, 37
ばねの弾性力, 37
ばねの弾性力によるポテンシャルエネルギー, 87
速さ, 18
反作用, 42
反発係数（はねかえり係数）, 104
万有引力, 36
万有引力定数, 36
万有引力によるポテンシャルエネルギー, 88
非慣性系, 46
非弾性衝突, 104
微分, 2

微分係数, 1
微分方程式, 22
非保存力, 86
フックの法則, 37
不定積分, 3
部分積分, 5
フライホイールの慣性モーメント, 131
平均の加速度, 20
平均の仕事率, 80
平均の速度, 20
平均変化率, 1
平行四辺形の法則, 8
並進, 121, 122
並進運動, 113
ベクトル, 7
ベクトル積, 11
ベクトルの合成, 8
ベクトルの成分, 8
ベクトルの分解, 8
変位, 18
棒の慣性モーメント, 126
放物運動, 65, 67
保存力, 85
ポテンシャルエネルギー, 86
ポテンシャルエネルギーと力, 89

ま
摩擦力, 38
見かけの力, 46
右手座標系, 9
密度, 122
面密度, 122

ら
力学的エネルギー保存の法則, 91
力積, 98
臨界振動, 73

著者紹介

笠松健一（かさまつ　けんいち）
近畿大学理工学部理学科准教授

新居毅人（あらい　たかひと）
近畿大学理工学総合研究所准教授

中野人志（なかの　ひとし）
近畿大学理工学部電気電子工学科教授

千川道幸（ちかわ　みちゆき）
近畿大学名誉教授
現　東京大学宇宙線研究所特任研究員

ファンダメンタル物理学
——力学——
Fundamental Physics
——Mechanics——

2013年3月15日　初版1刷発行
2021年2月10日　初版14刷発行

著　者　笠松健一・新居毅人
　　　　中野人志・千川道幸　　©2013

発行者　南條光章

発行所　共立出版株式会社
　　　　郵便番号 112-0006
　　　　東京都文京区小日向 4-6-19
　　　　電話　03-3947-2511（代表）
　　　　振替口座 00110-2-57035
　　　　URL　www.kyoritsu-pub.co.jp

印　刷
製　本　藤原印刷

一般社団法人
自然科学書協会
会員

検印廃止
NDC 423
ISBN 978-4-320-03494-5　　Printed in Japan

[JCOPY] <出版者著作権管理機構委託出版物>
本書の無断複製は著作権法上での例外を除き禁じられています．複製される場合は，そのつど事前に，出版者著作権管理機構（TEL：03-5244-5088, FAX：03-5244-5089, e-mail：info@jcopy.or.jp）の許諾を得てください．

物理学の諸概念を色彩豊かに図像化！　≪日本図書館協会選定図書≫

カラー図解 物理学事典

Hans Breuer［著］　　Rosemarie Breuer［図作］
杉原　亮・青野　修・今西文龍・中村快三・浜　満［訳］

ドイツ Deutscher Taschenbuch Verlag 社の『dtv-Atlas 事典シリーズ』は，見開き２ページで一つのテーマ（項目）が完結するように構成されている。右ページに本文の簡潔で分かり易い解説を記載し，左ページにそのテーマの中心的な話題を図像化して表現し，本文と図解の相乗効果で，より深い理解を得られように工夫されている。これは，類書には見られない『dtv-Atlas 事典シリーズ』に共通する最大の特徴と言える。本書は，この事典シリーズのラインナップ『dtv-Atlas Physik』の日本語翻訳版であり，基礎物理学の要約を提供するものである。
内容は，古典物理学から現代物理学まで物理学全般をカバーし，使われている記号，単位，専門用語，定数は国際基準に従っている。

【主要目次】　はじめに（物理学の領域／数学的基礎／物理量，SI単位と記号／物理量相互の関係の表示／測定と測定誤差）／力学／振動と波動／音響／熱力学／光学と放射／電気と磁気／固体物理学／現代物理学／付録（物理学の重要人物／物理学の画期的出来事／ノーベル物理学賞受賞者）／人名索引／事項索引… ■菊判・ソフト上製・412頁・本体5,500円（税別）

ケンブリッジ物理公式ハンドブック

Graham Woan［著］／堤　正義［訳］

『ケンブリッジ物理公式ハンドブック』は，物理科学・工学分野の学生や専門家向けに手早く参照できるように書かれたハンドブックである。数学，古典力学，量子力学，熱・統計力学，固体物理学，電磁気学，光学，天体物理学など学部の物理コースで扱われる2,000以上の最も役に立つ公式と方程式が掲載されている。
詳細な索引により，素早く簡単に欲しい公式を発見することができ，独特の表形式により式に含まれているすべての変数を簡明に識別することが可能である。オリジナルのＢ５判に加えて，日々の学習や復習，仕事などに最適な，コンパクトで携帯に便利なポケット版（Ｂ６判）を新たに発行。

【主要目次】　単位，定数，換算／数学／動力学と静力学／量子力学／熱力学／固体物理学／電磁気学／光学／天体物理学／訳者補遺：非線形物理学／和文索引／欧文索引
■Ｂ５判・並製・298頁・本体3,300円（税別）■Ｂ６判・並製・298頁・本体2,600円（税別）

（価格は変更される場合がございます）　**共立出版**　http://www.kyoritsu-pub.co.jp/

表2 物理量の記号，次元および単位

物理量	標準的記号	単位	次元[a]	基本SI単位で表した単位
<力学で出てくる物理量>				
圧力	P, p	Pa = (N/m^2)	M/LT^2	$kg/m \cdot s^2$
運動量	p	$kg \cdot m/s$	ML/T	$kg \cdot m/s$
エネルギー	E, U, K	J	ML^2/T^2	$kg \cdot m^2/s^2$
角運動量	L	$kg \cdot m^2/s$	ML^2/T	$kg \cdot m^2/s$
加速度	a	m/s^2	L/T^2	m/s^2
慣性モーメント	I	$kg \cdot m^2$	ML^2	$kg \cdot m^2$
仕事	W	J = (N·m)	ML^2/T^2	$kg \cdot m^2/s^2$
仕事率，電力	P	W = (J/s)	ML^2/T^3	$kg \cdot m^2/s^3$
質量	m, M	kg	M	kg
質量密度	ρ	kg/m^3	M/L^3	kg/m^3
力	F	N	ML/T^2	$kg \cdot m/s^2$
トルク	τ	$N \cdot m$	ML^2/T^2	$kg \cdot m^2/s^2$
速さ	v	m/s	L/T	m/s
変位	s	m	L	m
距離	d, h			
長さ	l, L			
<波動で出てくる物理量>				
角加速度	α	rad/s^2	T^{-2}	s^{-2}
角振動数	ω	rad/s	T^{-1}	s^{-1}
角速度	ω	rad/s	T^{-1}	s^{-1}
角度	θ, ϕ	rad	1	
周期	T	s	T	s
振動数，周波数	f, ν	Hz	T^{-1}	s^{-1}
波長	λ	m	L	m
物質の量	n	mole		mol
<熱で出てくる物理量>				
エントロピー	S	J/K	$ML^2/T^2\Theta$	$kg \cdot m^2/s^2 \cdot K$
温度	T	K	Θ	K
熱	Q	J	ML^2/T^2	$kg \cdot m^2/s^2$
比熱	c	$J/kg \cdot K$	$L^2/T^2\Theta$	$m^2/s^2 \cdot K$
モル比熱	C	$J/mol \cdot K$		$kg \cdot m^2/s^2 \cdot kmol \cdot K$

[a] M, L, T および Q はそれぞれ質量，長さ，時間および電荷を表す